大宗水果
提质增效新技术

王少敏 张安宁 主编

中国农业出版社
北京

图书在版编目（CIP）数据

大宗水果提质增效新技术／王少敏，张安宁主编
.—北京：中国农业出版社，2021.1
ISBN 978-7-109-27845-5

Ⅰ. ①大… Ⅱ. ①王… ②张… Ⅲ. ①水果—果树园
艺 Ⅳ. ①S66

中国版本图书馆 CIP 数据核字（2021）第 019538 号

大宗水果提质增效新技术
DAZONG SHUIGUO TIZHI ZENGXIAO XINJISHU

中国农业出版社出版
地址：北京市朝阳区麦子店街 18 号楼
邮编：100125
责任编辑：舒 薇 李 蕊 黄 宇
版式设计：杜 然 责任校对：刘丽香 责任印制：王 宏
印刷：中农印务有限公司
版次：2021 年 1 月第 1 版
印次：2021 年 1 月北京第 1 次印刷
发行：新华书店北京发行所
开本：880mm×1230mm 1/32
印张：7.25
字数：195 千字
定价：45.00 元

　　山东自然条件优越，素有"北方落叶果树王国"之美誉，果树栽培历史悠久，烟台苹果、莱阳梨、肥城桃等果品驰名中外，深受消费者欢迎。

　　多年来，山东省果品产业的面积、产量、技术和产业化水平等均位于我国前列，在保障产品供给、增加农民收入、出口创汇等方面成效显著，已经成为优势主导产业。但是我们也应清醒地认识到山东省大宗水果整体生产水平与世界先进国家和地区生产水平尚有一定差距，主要表现在标准化生产技术体系不健全、质量和经济效益较低等方面。尤其随着经济的发展，生产成本不断上涨，旧的生产模式导致生态环境恶化，污染加剧、品质不高、效益低等问题突出。因此，坚持农业农村优先发展，实施乡村振兴战略，加快建设现代农业，因地制宜大力发展特色产业，提高农业发展质量效益和竞争力是山东省果品产业发展的必经之路。

　　山东省果树研究所研究团队在山东省农业科学院农业科技创新工程的支持下，针对山东省水果产业发展中栽培模式落后、果园配套设施差、标准化生产技术体系不健全等突出问题，研究推广现代栽培模式和栽培技术，提升果园配套设施和机械化水平，突破标准化生产重大关键技术。取得了一系列新成果，并在生产实践中得以广泛应用。本书涉及的树种有苹果、梨、桃和大樱桃等，重点介绍了新技术与新模式，技术性、实用性较强，为解决山东水果产业中的问题拓展了思路，为山东省水果提质增效及标准化生产奠定了基础，将有力促进山东省水果产业健康可持续发展。

由于本书编撰时间紧，水平有限，难免有不妥之处，敬请读者指正！

本书得到了山东省农业科学院农业科技创新工程——"大宗水果遗传育种与提质增效"项目（C1-18-064）的资助。

编著者

2020 年 10 月

CONTENTS 目 录

前言

一、苹　果

（一）矮砧苗木繁育技术

1. 矮化自根砧苗木繁育技术

矮化自根砧是通过压条、分株、扦插或组织培养等方法，由自身器官、组织体细胞形成根系的、具有矮化作用的砧木。常用矮化自根砧木主要有 M_9、T_{337}、M_{26}、B_9、B_{10} 和青砧 1 号等。矮化自根砧苹果苗是在矮化自根砧木上嫁接苹果品种接穗培育而成的苗木。

（1）苹果矮化自根砧苗木的优点

①保持母株所具有的优良遗传特性。苹果矮化自根砧苗木的矮化砧大多数是从母株上分离下来的一部分营养器官，没有发生性细胞的结合和减数分裂，染色体也未进行重新组合，新形成的个体的特性与其来源的植物特性完全一样，仍然保持着母株固有的遗传特性，可以长期保持品种的优良性状。

②矮化效果显著，适合密植栽培。苹果矮化自根砧苗木是品种直接嫁接在矮化砧的根系上，其矮化效果不受砧段长度的限制，矮化砧木的特性表现突出，矮化效果显著，特别适合矮化密植栽培，每亩 * 可栽植 83～148 株。

③整齐度高。苹果矮化自根砧苗木的砧木利用无性繁殖，因而株间的遗传差异小，苗木的一致性高，建园整齐度高，果个均匀一致。

---

　　* 亩为非法定计量单位，1 亩≈666.7 米²。——编者注

④早果丰产。苹果矮化自根砧苗木的突出表现是产量高、着色好、糖度高、果个均匀。主干生长势强，特别适合于纺锤形整形，果园容易管理。

（2）苹果矮化自根砧苗木的缺点　根系浅，不抗倒伏，一定要立桩拉铁丝，扶直中央领导干。另外，由于根系浅，抗旱性差，抗冻性差。在干旱条件下，必须有简易滴灌设施或保墒铺膜。同时，极端气温低于-23℃以下的地方会有冻害发生。

（3）苹果矮化自根砧苗木繁育技术　包括微体繁殖、压条繁殖、扦插繁殖等。

①微体繁殖。即利用组织培养技术进行繁殖，需要仪器设备、技术等的支持。

②压条繁殖。包括直立压条和水平压条。

直立压条：春季栽植苹果矮化砧时，按2米行距开沟作垄，沟深、宽均为30～40厘米，垄高30～50厘米。定植当年不进行培土压条。翌春，母株留2厘米左右剪截，使基部发生萌蘖。当新梢长到20厘米左右时，进行第1次培土，高度约10厘米，宽度约25厘米。1个月后，新梢长到40厘米时，进行第2次培土，高度20厘米，宽度40厘米。8月份，在近培土处芽接苹果品种接穗，次年春季扒垄分株起苗，后假植育苗。

水平压条：春季，按1.2～1.5米的行距挖深5～8厘米、宽10～15厘米的浅沟，将砧木苗顺行向以与地面45°左右的角度斜栽于浅沟中，株距依苗木长短而定，植后浇水。春季萌芽后，将母株压成水平状态，用钢丝叉或短竹竿固定于浅沟中，同时调整芽眼密度，保持芽间距在10厘米左右。当新梢长至15厘米左右时，基部开始用混合土肥、木屑等基质覆盖，第1次培土厚约10厘米，培土后浇水，使枝土密接；随着枝条的生长，一般培土3～4次，培土高度达到30～40厘米，垄宽达到45厘米左右。培土时，将埋入土中部分的叶片全部摘除。整个生长季视墒情和长势灌水并施肥，常规病虫害防治，确保苗木生长健壮、根系发达、芽眼饱满。秋季落叶后或春季萌芽前分株。分株时，扒开培土，将母株上生根的当年生枝条在基部留5厘米左右剪截出苗。母株留在原处，再行覆土越冬。下一年从留下的压条上再抽生新梢，如此可连续10年以上在此母本上收获自根砧木苗。春季出圃的砧木苗可以直接移栽至苗圃再行嫁接，或者先嫁接以后再栽于苗圃；秋季出圃的砧木苗应贮藏在低温冷库或气调库中，贮藏温度在0～2℃，相对湿度在95%以上；不够嫁接标准的细弱苗栽植在专门的圃内另行培养，达到标准后再行嫁接。

③扦插繁殖。包括根插法和硬枝插法。

根插法：苗木出圃留下的粗度在0.3～1.5厘米的矮化砧根段或残根，剪成长为10厘米的根段，上口要剪平，下口斜剪，春天按行插入施肥浇水的土壤内。

硬枝插法：以1.5克/升的吲哚丁酸溶液浸枝10秒，可促进生根，生根率可达90%。

2. 矮化中间砧苗木繁育技术

（1）**母本园建设**　选择无检疫性病虫害和环境污染、交通便利、背风向阳、土壤pH5.5～7.8、有灌溉条件、排水良好、土质肥沃、已连续3年未繁育果树苗的地块建园。选择芽眼饱满、根系发达、根皮光滑、干高50厘米以上的砧木苗为砧木母树。按照（1～2）米×（2～3）米的株行距定植。选择品种纯正的苗木，以株行距（1～2）米×（2～3）米的规格建品种母本园。

（2）**基砧繁育**　采种时，选择品种纯正、生长健壮、无病虫害，且充分成熟的果实。采集后将果实堆放在一起，盖上薄膜以加速果肉腐烂，每隔3～5天翻倒一次，防止高温伤害种子；当80%的果肉腐烂后，人工将果肉揉碎，并将果肉和果汁冲洗干净，晾干后除去果梗等杂质，放在低温、干燥处备用。要求种子纯净度85%以上，发芽率90%以上。若计划在春季播种，必须对种子沙藏处理；沙藏时保持温度0～5℃、湿沙含水率40%～50%为宜。播种前，结合土壤深翻施入足量腐熟农家肥，整平圃地，做畦，然后灌水使土壤沉实。3月上旬至4月上旬，当日均气温达到5℃以上、地温达到7～8℃时即可播种，播种深度依种子大小而定；按照出苗数不少于每亩 10 000 株的标准确定播种量，海棠种子为15～22.5 千克/公顷，山定子为 7.5 千克/公顷；播种后及时覆土、耙平，并覆盖地膜。幼苗出土 10％～20％时，逐渐去膜；幼苗长出 3～4 片真叶时进行定苗，留苗量 9 万～12 万株/公顷；幼苗长出 5～6 片真叶时，中耕保墒，促进生根；1 个月后，适当增加灌水次数，5—6 月结合灌水追施氮肥，7 月上中旬追施复合肥，并及时中耕除草。

（3）苗木繁育　包括繁育圃建设、移栽入圃、苗期管理、接穗采集和嫁接等步骤。

①繁育圃建设。对建圃用地进行翻耕、消毒、整地和施肥。秋后翻耕，深度为 30～40 厘米。病虫害多发区进行土壤消毒，预防立枯病、根腐病和金针虫、蛴螬等。早春干旱少雨地区，整好地后灌水 1 次，可提高种子的出苗率。

②移栽入圃。基砧幼苗出土 10％～20％时，逐渐去膜；长出 3～4 片真叶时按株行距 3 厘米左右间苗，幼苗长到 5～7 片真叶时移栽。移栽前 2～3 天，苗床灌足水，带土移栽，株距为 12～15 厘米、行距为 50～60 厘米移栽于繁育圃中。

③苗期管理。中耕保墒，促其生根；1 个月后为了满足幼苗迅速生长的需求，应适当增加灌水次数，5—6 月结合浇水追施纯氮33～53 千克/公顷，7 月上中旬追施复合肥 150 千克/公顷，并及时进行中耕除草、肥水管理和病虫防治。

④接穗采集。从品种母本园的母树上采集生长健壮、芽体饱满、无病虫害的 1 年生枝做接穗，可在休眠期或生长季进行采集。在休眠期采集的接穗，采后在地窖内或埋入湿沙中贮藏，或者蜡封保存。在地窖内贮藏时，将接穗下半部埋在湿沙中，上半部露在外面，捆与捆之间用湿沙隔离，窖口要盖严，保持窖内温度低于4℃，湿度达 90％以上。贮藏期间经常检查沙子的湿度和窖内温度，防止接穗发热霉烂或失水风干。若无地窖时，于土壤封冻前在冷凉干燥的背阴处挖贮藏沟，沟深 80 厘米、宽 100 厘米，长度依接穗多少而定，先在沟内铺 2～3 厘米厚的河沙，将接穗倾斜摆放

在沟内，然后充填河沙至全部埋没，沟面上覆盖防雨材料。用石蜡封存的接穗只用于枝接，根据嫁接的需要，将其剪成适宜的长度，先剪截后蜡封，并捆扎成捆，而且长短整齐一致。封蜡时，须先将石蜡放入较深的容器中加热熔化，待蜡温升到95～102℃时，迅速将接穗的一头放入石蜡中蘸一下，然后再将另一头蘸一下，使整条接穗的表面，都均匀地附上一层薄薄的石蜡。蜡温不要过低或过高，过低则蜡层厚，易脱落，过高则易烫伤接穗。蜡封接穗要完全凉透后再收集贮藏。生长季采接穗随采随用，采后立即剪去叶片，减少水分蒸发。剪叶时留下长1厘米左右的叶柄，以利于作业和检查嫁接是否成活。暂时不用的接穗存放在阴凉处，短时间用不完的接穗，将下端用湿沙埋好，并经常喷水保湿，以防失水影响成活。

⑤嫁接。第1年春天进行实生砧播种，秋季在基砧苗上嫁接矮化砧接芽。第2年春天，在接芽上方0.5～1.0厘米处剪砧，秋季在中间砧上25厘米左右嫁接苹果品种接穗。第3年在接穗上方0.5～1.0厘米处剪砧，秋季可培育成矮化中间砧苹果苗。嫁接时选接穗中部的饱满芽，从芽上横切一刀，切断皮层，再从芽下1.5～2厘米处下刀向上削一盾形芽片，切入接穗粗的1/3，向上斜削至超过横切口，然后用手捏住芽体两旁，轻用力取下芽片。在砧木苗基部光滑部位切 T 形切口，把芽片嵌入，并使芽片上边与砧苗上的横切口对齐，然后用塑膜或麻线绑缚。秋季嫁接较晚时，接穗芽片不易取下，此时用带木质部芽接。即在削取接穗的芽片时，盾形芽片的内面可稍带一薄层木质部。砧苗基部仍切 T 形切口，插入芽片后的绑扎与普通芽接相同。

（4）嫁接苗管理

①检查成活情况、解绑和补接。秋季嫁接伤口愈合较快，接后10天左右，即可检查成活情况。凡接芽保持新鲜状态，芽片上的叶柄一触即落者，说明接芽已经成活；而芽片干缩、叶柄干枯则未成活，需要立即进行补接。接芽成活后即可解绑。

②剪砧、除萌。第2年春季，在接芽开始萌发前剪砧。剪砧时，用锐利的枝剪刃面在接芽上方0.5厘米左右处剪截，并向接芽对面

稍微倾斜，剪口不能离接芽太近，更不能伤及接芽，同时注意防止劈裂，以免影响成活。剪砧后，随时去除从砧木基部萌发的萌蘖。

（5）加强肥水管理　生长期间及时进行追肥和叶面喷肥。前期以氮肥为主，后期增加磷钾肥。全年灌水 3～4 次，在嫁接苗速长期，结合灌水追施氮肥，施肥量根据苗木生长状况而定，一般每亩施尿素 8～10 千克；立秋后要停用氮肥，控水，防徒长，结合病虫害防治进行 2～3 次叶面喷肥。

（6）培养分枝大苗　选用生长一致的壮苗，按株距 0.5 米、行距 1 米栽植，栽植后 1.2 米定干，加大肥水用量。当年夏季，新梢长到 25 厘米左右时，除延长头外，其余新梢一律从基部留橛疏除。7 月上旬对当年新梢上萌发的 2 次梢可按上述办法再进行 1 次疏除，同时增施肥水并喷施叶面肥。当年树高达 2 米以上、分枝 15～20 个，即可出圃。

（二）标准化建园技术

选择园址时要因地制宜，选择适宜苹果的生态环境条件进行栽植，对果园进行科学规划设计，从建园开始，要高起点、高标准，严格按技术规范执行。建成标准化果园，不仅可以减少投资，也可使果园便于管理，提高经济效益。

1. 对环境条件的要求

（1）产地生态环境　产地应选择在生态环境良好、远离污染源，并具有可持续生产能力的生产区域，并远离城镇、交通要道及工业"三废"排放点，具有持续生产优质安全苹果的能力。

（2）产地空气环境质量　产地空气环境质量包括总悬浮颗粒物、二氧化硫、二氧化氮和氟化物共 4 项衡量指标。按标准状态计，4 种污染物的浓度不得超过规定限值。需要特别注意的是，对于二氧化硫和氟化氢，苹果均属敏感作物，空气中二氧化硫和氟化氢浓度偏高，极易对苹果正常生长发育造成危害。

（3）产地土壤环境和灌溉水质量

①产地土壤环境质量。产地土壤环境质量包括 6 项衡量指标，

即类金属元素砷和镉、汞、铅、铬、铜等 5 种重金属元素。各污染物对应不同的土壤 pH（pH＜6.5、6.5＜pH＜7.5 和 pH＞7.5），有不同的含量限值（表 1-1）。

表 1-1　无公害苹果产地土壤环境质量要求

指标	指标值（毫克/千克）		
	pH＜6.5	6.5＜pH＜7.5	pH＞7.5
镉≤	0.30	0.30	0.60
汞≤	0.30	0.50	1.0
砷≤	40	30	25
铅≤	250	300	350
铬≤	150	200	250
铜≤	150	200	200

②产地灌溉水质量。产地灌溉水质量包括 pH、氰化物、氟化物、石油类、汞、砷、铅、镉和六价铬等 9 项衡量指标。其中，pH 要求在 5.5～8.5；氰化物、氟化物、石油类、汞、砷、铅、镉和六价铬等污染物的浓度不得超过规定限值。

2. 园地选择与建园

（1）园地选择

①合理选择园址。山丘地土层深度不低于 60 厘米，不宜在薄土岩石地栽植。坡度应在 15°以下；平原沙地、黏土地最高地下水位不高于 1.5 米，沙地在 1 米以内不能存在黏板层；土壤肥沃，土壤有机质含量在 1％以上；土壤质地疏松，透气性好；土壤 pH 在 6.0～7.5；有充足的水源，水质符合农业灌溉水质量标准要求。不符合上述标准建园时必须对土壤进行改良。

②科学规划。无论平地还是山地果园，在测完地形、面积以后，都应按果园规划的要求，把栽培小区、防护林、水利系统、道路以及必要的房屋等分别测出，以便施工。根据水源条件设置好水利系统。为了便于管理，可根据地形、地势以及土地面积确定栽植小区。一般平原地每 1～2 公顷为一个小区，主栽品种 2～3 个；小

区之间设有田间道,主道宽 8～15 米,支道宽 3～4 米。山地要根据地形、地势进行合理规划。建园时要搞好防风林建设工作。一般每隔 200 米左右设置一条主林带,方向与主风向垂直,宽度 20～30 米,株距 1～2 米,行距 2～3 米;在与主林带垂直的方向,每隔 400～500 米设置一条副林带,宽度 5 米左右。小面积的苹果园可以仅在外围迎风面设一条 3～5 米宽的林带。

③整地改土。坡度低于 10°的梯田可以改成缓坡,大于 10°的按梯田整地。地势较平坦的地块采用起垄栽培方式,垄宽 1.5～2 米,高 20～30 厘米;定植沟宽 80～100 厘米,深 80 厘米,定植穴长、宽、深各 80～100 厘米,可根据地势适当调整;施足底肥。定植沟回填前要在沟底施入充分腐熟的有机肥或经过有机认证的商品有机肥,充分腐熟的有机肥每亩用量 3 000～4 000 千克,商品有机肥每亩用量 1 000～1 500 千克。定植沟(穴)回填后要浇水沉实。

(2)科学建园

①品种选择。优良的品种是生产优质果品的基础,应根据区域环境优势、消费特点、市场需求等选择适宜本地区的品种。鲜食品种应推广以富士优系为主的晚熟品种,适当发展中早熟品种。

②苗木砧木和类型选择。不同砧木对接穗品种的影响因栽培区域、土壤质地、土壤肥力、管理技术水平等表现有所不同,各产区宜根据本地实际,选择适宜的砧木。有水浇条件、土层深厚的地块重点推广矮砧集约高效栽培模式;丘陵薄地仍然推广乔砧栽培模式。苗木类型方面,应重点选择脱毒良种苗木。

③苗木标准。苗木质量直接影响栽植成活率和栽植后树体生长的速度及果园整齐度,也影响结果早晚、产量高低和经济寿命长短。优质苗木要求砧木、品种纯正,砧穗亲和力强,接合部位愈合好,生长一致;根系形态正,色泽鲜艳,侧根多,须根发达;基根粗,苗高适中,整形带内芽体饱满的二年生(乔砧)或三年生(矮化中间砧)苗。近几年生产上应用较多的"三当苗"(当年播种、当年嫁接、当年出圃)不符合树体生长发育规律,苗木质量较差,不提倡在生产中使用。

④授粉品种选择与配置。苹果属异花授粉品种，必须配置授粉品种。授粉树要选择花粉量大、无大小年结果，与主栽品种有很好的花粉亲和力、花期一致的品种。配置比例为（8～10）：1。

3. 栽植与高接技术

（1）栽植技术

①栽植密度。栽植密度受品种、砧木类型、树形、土壤、地势、气候条件和管理水平等因素的制约。生产上一般采用宽行密植，行距不少于3～4米。常用栽植密度见表1-2。

表1-2　苹果栽植密度参考

立地条件		乔化树	半矮化树	矮化树
山丘地	株行距（米）	4 米×（5～6）米	2 米×（3～4）米	1 米×（2.5～3）米
	每亩株数	28～33	83～111	222～267
沙滩地	株行距（米）	5 米×（6～7）米	3 米×（4～5）米	1.5 米×（3～4）米
	每亩株数	19～22	44～56	111～148
平原地	株行距（米）	6 米×（7～8）米	4 米×（5～6）米	2 米×（4～5）米
	每亩株数	14～16	28～33	67～83

②高光效树形。为提高新建果园的通风透光能力，建议采用宽行密植建园方式。乔化砧木株行距为 2.5 米×（5.0～5.5）米；M_9、T_{337}矮化自根砧果园，株行距 1.5 米×（3.0～4.0）米；M_{106}矮化自根砧果园，株行距 2.5 米×4.0 米；短枝型品种或矮化砧株行距一般（2～3）米×4 米。

在采用宽行密植栽植模式下，新植果园建议采用自由纺锤形和高纺锤形树形。与传统的栽培方式相比，具有以下优点：一是结果早、产量高。由于采用了密植栽培，前期产量增加很快，有利于早结果，4 年生矮化宽行密植果园平均每亩产量可达 850 千克。二是通风、透光条件好，果实品质高。宽行密植栽培很好地解决了栽植密度与光照状况的矛盾。另外，树体冠径较小，树冠内外光照均匀，绝大部分树冠在高效优质空间，因此，果实品质能够得到保证，优质果率高。三是管理省工省力，便于机械化作业。

③栽植方式。栽植方式决定果树群体及叶幕层在果园中的配置形式,对经济利用土地和田间管理有重要影响。常用栽植方式有以下 6 种:

长方形栽植,是我国广泛应用的一种栽植方式,特点是行距大于株距,通风透光良好,便于机械管理和采收。

正方形栽植,特点是株距和行距相等,通风透光良好、管理方便。若用于密植,树冠易郁闭,光照较差,间作不便,应用较少。

三角形栽植,株距大于行距,两行植株之间互相错开而成三角形排列,俗称"错窝子"或梅花形。可提高单位面积上的株数,但由于行距小,不便于管理和机械作业,应用较少。

带状栽植,即宽窄行栽植,带内由较窄行距的 2~4 行树组成,实行行距较小的长方形栽植。两带之间的宽行距,为带内小行距的 2~4 倍,具体宽度视通过机械的幅度及带间土地利用需要而定。

等高栽植,适用于坡地和修筑有梯田或撩壕的果园,实际是长方形栽植在坡地果园中的应用。

篱壁式栽植,适宜机械作业和采收。由于行间较宽,足够机器在行间运行,株间较密,成树篱状,也是适于机械化管理的长方形栽植形式。

④栽前准备。包括标行定点、挖栽植穴(沟)和苗木准备等。

标行定点。定植前,根据规划的栽植方式和株行距,进行测量,标定树行和定植点,按点栽植。平地果园,应按区测量,先在小区内按方形四角定 4 个基点及一个闭合的基线,以此基线为准测定闭合在线内外的各个定植点。山地和地形较复杂的坡地,按等高线测量,先顺坡自上而下接一条基准线,以行距在基准线上标准点,用水平仪逐点向左右测出等高线,坡陡处减行,坡缓处可加行,等高线上按株距标定定植点。

挖栽植穴(沟)。定植穴通常直径和深度各 80~100 厘米。平地挖穴常有积涝,效果不及挖沟。无论挖穴或挖沟,都应将表土与心土分开堆放,有机肥与表土混合后再行植树。定植穴挖后,培穴、培沟时,可刨穴四周或沟两侧的土,使优质肥沃土集中于穴内并把穴（沟）的陡壁变成缓坡外延，以利根系扩展；尽量把耕作层的土回填到根际周围并结合施入的有机肥，重点改良 20～40 厘米根系集中分布的土层。

苗木准备。苗木应于栽植前进行品种核对、登记、挂牌，以免造成品种混杂和栽植混乱。苗木栽前剔除弱苗、病苗、杂苗、受冻苗、风干苗，剪除根蘖、断伤的枝、根、枯桩等，并喷一次 5 波美度石硫合剂消毒。对稍有失水的苗木，应放在流动的清水里浸 4～24 小时再栽。

⑤栽植时间。秋季落叶以后到春季萌芽以前栽植均可，生产上以春栽为主。

秋季栽植：土壤结冰前栽植，栽后根系得到一定的恢复，翌春发芽早、新梢生长旺、成活率高。在冬季干冷地区，要灌透水，埋土越冬，比较安全。

春季栽植：春季土壤解冻后，树苗发芽前栽，虽然发芽晚，缓苗期长，但可减少秋栽的越冬伤害，保存率及成活率高。

⑥栽植技术。浸泡好的苗木要进行必要的修剪处理，将劈裂的根和病虫伤害根剪去，较粗的断根剪成平茬。修剪后要进行消毒处理，可用 100～150 倍的硫酸铜液体浸泡 30 分钟。栽植时要纵横对齐，按株行距定好苗位。苗木放正后，填入表土，并轻提苗干，使根系自然舒展，与土壤密接，随即填土踏实，填土至稍低于地面为止，打好树盘，灌足底水，待水渗下后，封土保墒。栽苗深度要适当，让嫁接口部位稍高于地面，待穴（沟）内灌水沉实，土面下陷后，根颈与地面相平为宜。苗木栽植过深时，根系生新根较晚，易发生抽条或干腐病，影响成活率和长势。

⑦定植后管理。包括定干与套膜、灌水与覆膜、抹芽与疏梢、补栽和间作等。

定干与套膜。幼树定植后，应按整形要求及时定干，定干高度一般 80～100 厘米。目前生产中采用纺锤形整枝的苹果园，多不进行定干。为了防止苗木抽干和金龟子等害虫危害，定干后随即在树干上套上塑膜袋保护。

灌水与覆膜。苗木定植后应及时灌水，栽后一般要灌水 3～5 次。有条件的果园，可以在定植行内覆盖地膜。密植成行的果园可成行整株覆盖，中密度以下的可单株覆盖。覆盖前先行树盘耙平，成行覆盖宽度一般为 1 米左右；单株覆盖的 1 米见方左右，覆盖时结合使用除草剂。

抹芽与疏梢。4 月下旬，套袋的枝干发芽展叶后，要剪开塑料袋一角放风，以免嫩叶日灼，10 天后，将塑膜袋顶部完全剪开，并开口到 1/2 处，向下翻卷到树干下部，原绑绳不解，喇叭口朝下，防止害虫上树危害。6—9 月，每隔 20 天左右，检查一遍新梢生长情况，适量疏除过密新梢。

补栽和间作。建园时应预留一部分苗木假植园内，翌春以此大苗补植，保证品种一致、大小整齐。间作以豆科作物为主，有水浇条件的果园，提倡间种绿肥。

（2）高接技术

①接穗采集与贮藏。苹果接穗最好于休眠期采集，一般在 12 月上旬至翌年 2 月上旬树液流动前采集。选用优良品种健壮树上发育充实的一年生枝条作为接穗，枝条基部直径 0.8 厘米左右为宜，并且枝条光滑、芽饱满、无病虫危害。接穗采集后包装成捆，挂上标签，在背阴处进行沙藏；待开春土壤温度回升时，移入气调库内低温保湿贮藏。

②高接时间。确定高接时间应以当地物候期为准，适宜时期为树液开始流动后进行。嫁接太早，树液尚未流动，接穗容易干枯；嫁接太迟，影响当年新梢生长量和木质化程度。

③高接方法。生产上主要采用带木质芽接、劈接、插皮接等方法。

带木质芽接：在接芽上部 1～1.5 厘米处，向下斜削一刀，长度超过芽体 1.5 厘米左右，然后在接芽下部约 1 厘米处与枝条呈 45°横切一刀，取下带木质的芽片。在原品种嫁接部位分 2 刀削出与接芽大小接近的切口，然后把接芽放在切口上，芽片与原品种枝条一侧的形成层对齐，再用薄膜包扎严实，露出接芽。

劈接：在带有 3～4 个芽的优良品种接穗下部两侧各削一刀，削成长为 3～5 厘米的楔形。将原品种高接部位从横截面中间劈开，然后插入接穗，接穗稍微露白，使一侧形成层对齐，用薄膜包严嫁接口及整个接穗，露出接芽。

插皮接：在有 3～4 个芽的优良品种接穗下部削一个长 4～5 厘米的削面，轻刮背面的表皮，露出韧皮部。再将原品种枝条截断，用刀纵切韧皮部，将接穗插入皮内，用薄膜包严嫁接口及整个接穗，露出接芽。

④高接后的管理。高接后，一般 10～15 天接穗开始发芽，嫁接口处同时形成愈伤组织。及时抹除接芽下部萌发的新梢，防止与接芽竞争水分和养分。包裹嫁接口的薄膜应及时解绑。春季风大的地区，枝条长到 40 厘米左右时绑竹竿固定，防止枝条被风刮折。

（三）花果管理技术

1. 提高坐果技术

苹果属于异花授粉植物，自花授粉坐果率极低，适宜的授粉品种既可改善果实外观品质，又可以增进果实内在品质。苹果花粉主要依靠昆虫等媒介传播，其中壁蜂、蜜蜂是最重要的传粉昆虫。提高坐果率主要依靠以下几项关键技术。

（1）合理配置授粉树　果园配置专用授粉树，不仅园相整齐，还有利于机械化作业，且不需特殊管理，省时省工。

①专用授粉树应具备的条件。授粉树要具备与主栽品种花期相遇，且花粉量大，与主栽品种授粉亲和力强，花粉直感效应好等条件。传统模式下与主栽品种按照 1∶8 的比例栽植，现代矮砧果园按照 1∶4 的比例成行栽植。

②专用授粉树的整形修剪。专用授粉树形要求细长、尽量少占据空间。要求栽植后高定干，定植当年保留最靠上的强旺枝，使其直立生长，侧生新梢长度达到 30 厘米时摘心促分枝，至少连摘 2 次，以确保树体长高。第 2 年中心干延长头在 60 厘米左右处打头，侧生枝基部在花后留 2 个芽重剪，7、8 月疏除过于强旺枝。第 3

年树高达 3 米以上，所有侧生枝基部在花后留 2 个芽重剪，7、8月疏除过于强旺枝。

（2）授粉受精

①人工辅助授粉。可以采用人工点授、器械授粉和液体授粉等方法。

人工点授：首先将采集的花粉按照 1：（3～5）的比例混入滑石粉或淀粉装入小瓶中，当中心花开至 30％以上时，可在当天使用毛笔等进行点授。需注意的是，人工点授时应有目的地授粉，1个花序点中心花和 1 朵边花即可，对串花枝不可点授过多。

器械授粉：优点是劳动强度低、授粉速度快、操作简单。在花粉中按 1：10 的比例加入细地瓜粉或淀粉，混合均匀后装入喷粉器中，于盛花初期、盛花期各喷施 1 次。

液体授粉：每千克水加花粉 2 克、糖 50 克、尿素 3 克、硼砂2 克，配成花粉悬浮液，于 60％～70％的花朵开放时用喷雾器均匀地喷洒于柱头上。要求花粉配制后 2 小时内用完，浸泡时间稍久花粉就会胀裂，失去活力。

②壁蜂授粉。壁蜂是苹果等蔷薇科果树的优良传粉昆虫，目前应用的壁蜂有凹唇壁蜂、紫壁蜂、角额壁蜂、壮壁蜂和叉壁蜂等，其中凹唇壁蜂分布广，是北方果园的主要传粉昆虫。壁蜂授粉方法分为四步：

准备巢管和巢箱。巢管主要用芦苇管制作，将管口染成红、绿、黄、白 4 种颜色，各颜色比例为 20：15：10：5。巢箱用硬纸箱、木板、砖石制作均可，体积为 20 厘米×26 厘米×20 厘米，5面封闭，1 面开口。

设置蜂巢。在释放壁蜂之前，要先设置好蜂巢。每亩放蜂巢 1～2 个，蜂巢距地面 40～50 厘米，蜂巢上盖防雨板，要超出蜂巢口10 厘米。

放蜂时间和方法。在苹果开花前 3～4 天，将蜂茧装在带有 3个孔眼的小纸盒里，每盒放 60 头蜂茧，盛果期的苹果园每亩放蜂200～250 头，初果期的幼龄园放蜂 100～150 头，分别放在蜂巢口前。

巢管回收与保存。谢花后 20 天收回巢管，回收过早，花粉团会因水分尚未蒸发而变形，造成卵粒不能孵化和出孵幼虫窒息死亡；回收过晚，蚂蚁、寄生蜂等天敌害虫会进入巢管取食花粉团和壁蜂卵，一旦被带入室内，会危及壁蜂卵、幼虫、蛹和成虫。捆好巢管、平挂在通风无污染的空屋横梁上。12 月初剥巢取茧，每 500 个蜂茧装一罐头瓶中常温保存，春季放入冰箱中 0～4℃保存。

2. 合理负载与疏花疏果

（1）确定合理负载的方法　需要根据栽培的品种特性、环境条件和管理措施来建立良好的"源—库"平衡关系。可以根据以下几种方法确定合理负载量。

①干周法。据罗新书等研究，乔砧金帅苹果合理负荷量公式为：单株留果量＝（3～4）×$0.08C^2A$，C 为干周长度（厘米），A 为保险系数，疏花时取 1.3，疏果定果时取 1.1（表 1-3）。

表 1-3　苹果不同干周适宜留花量和留果量

干周（厘米）	留花量（个）	留果量（个）
10	29	25
15	65	57
20	115	101
25	180	158
30	259	227
35	353	309
40	461	403
45	583	510
50	720	630
...	...	...

②叶果比法。根据每株果树上叶片总数与果实个数之比确定留

果量。一般乔砧、大果形品种叶果比为（40～60）：1，中小果形品种可适当减少；矮化砧、短枝形品种叶果比应为（25～40）：1。

③梢果比法。根据当年新梢量与果实个数之比确定留果量。大果型品种 3：1，弱树（4～5）：1，小型果品种为（2～3）：1。此外，根据梢果比确定留果量时，应综合考虑立地条件和管理水平。

④间距法。根据果实间距确定留果量。一般情况下，中小型果品种按 15～20 厘米间距选留 1 个果，大型果品种按 20～25 厘米间距选留 1 个果。还应根据树势进行调整，弱树可以适当加大留果间距，壮树可以适当减小留果间距。

⑤目标产量法。根据土壤肥力和果园管理水平，确定每亩目标产量和果个大小，计算出每亩预期果个数；根据栽植密度，计算出单株预期果个数。苹果的经验保险系数为 1.5，因此最佳留果量是预期每亩果个数的 1.5 倍。

（2）疏花疏果　主要包括人工疏花疏果和化学疏花疏果等方法。

①人工疏花疏果。时间以花序分离至铃铛花期进行一次性疏花效果最好。但为防止花期遭遇低温晚霜危害，通常情况下需进行 2 次疏果，时间从谢花后 10 天开始，至谢花后 1 个月内完成。第一次疏果要根据适宜负载量和果实分布均匀的要求细致进行，第二次主要是套袋前调整定果。一般开花早、坐果多的品种，宜早疏、早定；开花晚、易落果和坐果少的品种，可晚疏、晚定。疏花疏果顺序是先上后下，先内后外，先顶部后腋花芽。疏除过程中用疏果剪剪掉花蕾、幼果即可，保留部分果柄，切忌直接拽下，以免在幼嫩果台上留下伤口，引起留下的花果脱落。

②化学疏花疏果。为了降低苹果的生产成本，化学疏花疏果是非常重要的技术手段。疏花疏果常用药剂有以下几种：

西维因。杀虫剂，喷后先进入维管束，堵塞物质运输，使幼果营养物质供应中断，而造成果实脱落。因为西维因在树体内移动性差，要直接喷到花、果实上。适宜浓度为 1.0～2.5 克/升。优点是喷施时期长，用药浓度范围广，对果实发育比较安全，在疏果的同时可兼防虫害；缺点是疏除效果不稳定，且影响昆虫授粉。

石硫合剂。在花期喷于柱头上，能抑制花粉萌发以及花粉管伸长，使花不能受精而脱落。一般在中心花开放 2～3 天、边花正在开放时喷布效果最佳。适宜浓度为 150～200 倍液。优点是喷施时期长，对果实发育比较安全，在疏果的同时可兼防虫害；缺点是疏花效应反应慢，且影响昆虫授粉。

二硝基邻甲酚。二硝基邻甲酚是一种触杀剂，通过灼伤柱头、花粉等使花不能受精而脱落。但是对已经受精坐果的没有疏除作用。一般盛花后 3 天可使用，但如果喷施当天湿度大或降雨，会有疏除过量的风险。

萘乙酸。萘乙酸通过促进乙烯生成使幼果脱落。一般从盛花期到落花后 1～2 周都可使用，但随着喷施时间的延后效果变差。生产中使用萘乙酸钠代替萘乙酸较多。适宜浓度为 5～20 毫克/升。优点是疏除效应强；缺点是容易引起叶片偏上生长，果实出现畸形果。

乙烯利。乙烯利通过释放乙烯而引起幼果脱落。以在花蕾膨大期喷施，疏花效果较好，但喷施乙烯利后，果实可能会偏扁，而且乙烯利易挥发，应随配随用。适宜浓度为 300～500 毫克/升。

蚁酸钙。蚁酸钙能够抑制花粉萌发，灼伤柱头，阻碍授粉受精。对开放但没有授粉受精的花有疏除作用，对未开放的花或已经坐住的幼果没有疏除作用。适宜浓度为 4.0～8.0 克/升。优点是疏花的同时可以补钙；缺点是疏除效果不稳定。

（3）花前复剪　指从花芽开绽、显蕾期能够准确辨别花芽与叶芽时开始，到开花期结束进行的精细修剪。具体做法如下：按间距法确定留花芽密度。中小果型品种如珊夏、嘎拉等，留花芽间距为15～20 厘米；大果型晚熟品种如红富士、乔纳金等，留花芽间距为 20～25 厘米。按照去劣保优、去弱留壮、去直留斜、稀疏得当的原则进行。主要疏除病虫花枝、内膛细弱枝和直立花枝、外围过密枝、重叠花枝、腋花芽枝等。

3. 果实套袋技术

（1）果实套袋的作用

①提高果面光洁，促进果面着色。套袋后，果实所处的微域环境较为一致，果皮发育稳定，果面底色变浅、果点变小，利于着色。套袋后减轻了风雨、农药、灰尘等不良条件的直接刺激和对果面的污染，大大提高了果面光洁度。

②减轻病虫危害，降低农药残留量。套袋对在果面及叶片上产卵的蛀果害虫如食心虫类、卷叶虫类、螨类等有较好的防治效果，对于果实病害如轮纹病、炭疽病、黑星病等亦有较好的防治效果，全年打药次数可减少2～4次，从而降低了农药残留。

③降低果实贮藏性。套袋会使果实表皮蜡质层破碎严重，且厚度降低，果实表皮细胞变大且细胞壁厚度增加，机械组织细胞层数减少，表皮角质层厚度下降，在贮藏时失水加速，贮藏性降低。

④降低果实风味。套袋会降低果实中可溶性固形物含量和影响果实的香气成分。

（2）果实套袋技术

①套袋前的管理。套袋前的果园管理着重加强整形修剪、疏花疏果、病虫防治等。为减少病源，冬季休眠期应彻底清理果园。套袋前喷布 2 500 倍螨死净或 20% 灭扫利乳油 2 000～2 500 倍液，及灭幼脲 2 000 倍液；喷第 1 次杀菌剂，可使用复方多菌灵 800 倍液＋800 倍大生 M$_{45}$ 液。套袋前 1 周再喷布第 2 次杀菌杀虫剂甲基硫菌灵 700 倍液＋2.5% 功夫乳油 3 000～3 500 倍液。

②果袋种类的选择。果袋种类分为塑料袋、无纺布袋和纸袋。选择果袋类型应依品种、立地条件不同而有差异。不同的气候环境条件，使用袋类也有差异。在海拔高、温差大的地区，较难上色的品种采用单层袋效果也不错；高温多雨果区宜选用通气性较好的纸袋；高温少雨果区不宜使用涂蜡袋。

③套袋时期与方法。套袋时期应在生理落果后，结合疏果进行，对中晚熟红色品种如红富士等，于 6 月初进行。套袋方法：选定幼果后，手托纸袋，撑开袋口，使袋底两角的通风放水孔张开，

袋体膨起；手执袋口下 3 厘米左右处，套上果实，然后从袋口两侧依次折叠袋口于切口处，将捆扎丝扎紧袋口于折叠处，使幼果处于袋体中央处，不要将捆扎丝缠在果柄上。注意套袋时用力方向始终向上，以免拉掉幼果；袋口要扎紧，以免被风吹掉。

④摘袋时期与方法。新红星等易着色品种，在海洋性气候、内陆果区于采收前 15～20 天摘袋；在冷凉或温差大的地区，采收前 10～15 天摘袋比较适宜；在套袋防止果色过浓的地区，可在采收前 7～10 天摘袋。红富士等较难上色品种，在海洋性气候、内陆果区，采收前 30 天左右摘袋；在冷凉地区或温差大的地区采前 20～25 天摘袋为宜。黄绿色品种，在采收时连同纸袋一起摘下。双层袋摘袋时先去掉外层袋，5～7 天后再摘除内层袋，摘内袋时应选在晴天的 10～14 时进行，不宜选在早晨或傍晚。摘除单层袋时，首先打开袋底放风或将纸袋撕成长条，几天后再全部去除。

⑤摘袋后的管理。摘袋后应采取秋剪、摘叶、转果、垫果和铺设反光膜等一系列措施促进着色。秋剪主要清除树冠内徒长枝及骨干枝背上直立旺梢，打开光路，增加光照；摘叶主要摘除影响果实受光的叶片；转果是使果面全面着色，转果时期是除袋后 1 周转果 1 次，共转 2～3 次；垫果是将果实用泡沫垫和附近枝条隔离；内袋摘除后 1 周左右即采收前 20 天在树盘下方铺完反光膜并压实，防止被风卷起和刮破。

4. 花期防霜技术

苹果花期霜冻灾害是指在苹果萌芽至幼果期间，由于受寒流或辐射的影响，使土壤、植物表面以及近地面气温短时间内骤降至 0℃或 0℃以下，造成苹果树体或花、芽、幼果等器官遭受冻害的现象。近年来，春季的晚霜冻害经常与苹果花期相遇，对果树生产危害较重，常常会造成苹果生产大幅度减产甚至绝产。

（1）霜冻发生规律和特点　霜和霜冻的概念不同，霜是指由于夜间的辐射冷却，使地面的温度降到 0℃以下，空气中的水汽达到过饱和，直接在地面和植物表面凝结的白色冰晶。霜冻是一种较为常见的农业气象灾害，是指空气温度突然下降，地表温度骤降到

0℃以下，使农作物受到损害，甚至死亡。按照霜冻形成的气象要素，可以将霜冻分为3类：辐射霜冻、平流霜冻、混合霜冻。辐射霜冻持续时间较短，强度较弱，对农作物的危害较轻，地势较低的洼地容易出现辐射霜冻。平流霜冻影响范围较大，持续时间较长，危害面积较广，常见的防霜措施效果均不理想。混合霜冻对农作物的危害最严重。

（2）霜冻对苹果造成的危害　花期霜冻对果树开花及坐果危害极大。果树解除休眠，进入生长发育初期，各器官抵御寒害的能力降低，易受冻害。轻者表现为花瓣组织结冰变硬，回暖后花瓣变成灰褐色，逐渐干枯、脱落。受冻稍重者花丝、花药和柱头变成褐色和黑色，最后干缩。重者子房受冻，变成淡褐色，横切面的中央、心室和胚珠变成黑色，严重者整个子房皱缩，花梗基部产生离层而脱落。幼果期遇霜冻后轻者果面留下冻痕，虽然果实能膨大，但往往变成畸形小果；重者幼果停止膨大，变成僵果；严重者果柄冻伤而落果。

（3）防御霜冻灾害的措施

①推迟果树物候期，避开霜冻。主要采用灌水、涂白、覆盖等措施。

灌水。可以增加近地面层空气湿度，由于水的热容量较高，会使白天的增温幅度和夜间的降温幅度变得缓和。此外，灌水后土壤导热率提高，降温时土壤深层热量可以迅速上传。早春果树萌动前灌水，可以降低地温，延迟根系发育，延缓树体萌芽，萌芽后至开花前，再灌水2～3次，可推迟花期2～3天。

涂白。可以减少树干白天对太阳能的吸收，降低树干韧皮部对营养物质的运输速率，从而推迟果树萌芽。涂白还能杀死隐藏在树干中的病菌、虫卵和成虫。于越冬前将主干及大侧枝涂刷一遍，具有较好的防冻作用。

覆盖。早春果园覆盖秸秆或杂草，能有效地降低地温，使树盘土壤升温缓慢，再结合早春灌水，可有效推迟果树萌芽。

②调节果园小气候，提高温度可抵御霜冻危害。主要采用熏

烟、喷水、送风等措施。

熏烟。对于辐射霜冻有较好的预防效果，而对平流霜冻和平流辐射霜冻防治效果较差。一般在晴朗无风的夜晚，当最低气温降至临界温度前1～2℃时，燃放烟幕，直至清晨日出后1～2小时结束。烟幕能吸收地面长波辐射，减慢地面降温速度；烟堆的燃烧还可以释放部分热量，提高近地层空气温度，增温效果约1～3℃；此外烟雾中的亲水性微粒还可以作为凝结核，吸附大气中的水分，水汽聚集凝结会放出大量潜热，从而缓和空气的降温幅度。熏烟堆一定放置在上风向，可采用硝酸铵、锯末、柴油混合制成的烟雾剂代替烟堆熏烟，防霜效果好。

喷水。在霜冻来临之前，向果树树冠喷水，可以增加冠层空气湿度，由于水汽比热容较大，当果树冠层外气温骤降时，树冠内温度却可以缓慢变化，夜间的降温幅度变小，随着气温的继续降低，水会在花蕾上结冰，由于冰内温度要高于外界温度，可以保护花蕾免遭进一步的冻害；此外水结冰时还会释放潜热，对树冠夜间温度还有一定的提升作用。

送风法。在果园上方6～10米处安装大型鼓风装置，将果园上部暖空气和下部冷空气搅动混合，以提高果园周围空气温度，达到防霜的目的。该方法对预防辐射霜冻效果好，能防止最低温度达到−6～−8℃的霜冻。

③提高果树抗性，增强抵御霜冻的能力。主要包括喷施外源抗寒物质、营养液或化学药剂等措施。

喷施外源抗寒物质。在霜冻来临之前，喷施一些具有抗寒效果的外源物质，均可以提高果树在低温下的抗性。目前研究较多的植物激素类物质主要有脱落酸、多效唑、油菜素内酯、烯效唑、6-苄基腺嘌呤等；非激素有机类物质主要有水杨酸、黄腐酸、甜菜碱、壳聚糖、茉莉酸等。

喷营养液或化学药剂防霜。从2月中下旬至3月中下旬，每隔20天左右喷1次100～150倍的羧甲基纤维素液或3 000～4 000倍的聚乙烯醇液，可减少树体水分蒸发，增强抗寒力；或者在冻害发生前 1～2 天，喷果树防冻液加芸薹素 481 或者天达 2116，防冻效果佳。

（4）灾后应急工作　霜冻过后，应全面评估霜冻对果树的组织、器官所产生的影响、灾害程度，并实施积极应对措施，尽可能将灾害损失降至最小。果树遭受晚霜冻害后，树体衰弱，抵抗力差，容易发生病虫害。因此，要加强病虫害综合防治，尽量减少因病虫害造成的产量和经济损失。

（四）土肥水管理技术

1. 土壤管理技术

果园土壤管理是指通过耕作、栽培、施肥、灌溉等措施，保持和提高土壤生产力的技术。传统上果园土壤管理普遍采用清耕制，总体来说，清耕在果园土壤管理工作中发挥了不可替代的作用，但长期清耕会使土壤结构受到破坏，土壤有机质迅速减少，水土流失严重，并且在传统的清耕制的土壤管理技术体系下，果园是单一物种的生态系统，需要人为地经常性地进行管理，诸如施肥、浇水、打药等，来维持生态系统的稳定性。因此，清耕制果园中的果树经常处在障碍频发的状态下，典型表现是出现叶片早衰。加之化肥过量投入、有机肥投入不足，造成果园病害、土壤酸化问题凸显，可持续发展能力下降。近几十年来，经过生产和科研工作者的不断探索，已形成了多种新的土壤管理新技术。

（1）果园生草覆盖技术　果园实行生草覆盖制后，对改善土壤生态环境、维持土壤基础肥力和推动果树产业可持续发展具有重要意义，可以增加土壤有机质含量，提高土壤缓冲性能；改善土壤结构，提高土壤养分的生物有效性；稳定土壤环境温度；增加土壤微生物数量；增加果园天敌数量；省去除草用工。

①果园生草技术。包括自然生草和人工种草 2 种模式。一般实行果园生草时，水分是首要考虑的问题。实行生草的果园应注意以下问题：

草种选择。主要有豆科的白三叶、毛苕子和紫花苜蓿及禾本科的鼠茅草、高羊毛和黑麦草。自然生草主要以当地野生杂草为主。提倡自然生草，自然生草不能形成完整草被的地块需要人工补种。人工补种可以种植商业草种，也可以种植当地常见乡土草。

刈割管理。生长季节适时刈割，留茬高度 20 厘米左右；雨水丰富时适当矮留茬，干旱时适当高留，以利调节草种演替，促进以禾本科草为主要建群种的草被发育。刈割时间掌握在拟选留草种等抽生花序之前、拟淘汰草种产生种子之前。刈割下来的草覆在行内。

刈割机械。最常见的是背负式割灌机，这种机械较为灵活，工效较高，对立地条件要求不高，但留茬高度完全依靠操作者的经验，因此刈割后草被不整齐。割灌机经常会打起石子等，具有一定的危险性；且刀具易伤树干，造成树势衰减，易感染病害。其他各类草坪割草机皆可采用，但有些对地面平整度要求较高，有的机械留茬过低。

施肥管理。幼龄树根系分布浅、范围小，与草竞争养分和水分时处于劣势，因此幼龄园生长季注意给幼龄树施肥 2～3 次；建立稳定的草被在雨季给草补充 1～2 次以氮肥为主的速效性化肥，促进草的生长。给草施肥时化肥每次每亩用量 10～15 千克，可以趁雨撒施。有机肥也提倡直接撒施，可不受季节限制，错开农忙，利用空闲时间进行。

②果园覆盖技术。主要包括覆草和覆膜 2 种方式。其中，覆草是指利用杂草或作物残留秸秆等覆盖整个园区土壤，待其腐烂分解后再补充，保证覆盖物厚度始终维持在 10～15 厘米。覆膜就是使用一定厚度的塑料薄膜覆盖整个园区，保温效果良好。薄膜覆盖技术分人工覆膜和机械覆膜两种。以保墒为目的的地膜应在降水量最少、蒸发量最大的季节之前进行，以带状或树盘覆盖的方式为好。在果树易发生晚霜危害的果园及冰冻融化迟的地区，不宜早覆膜；促进果实着色和早熟的地膜覆盖，一般应在果实正常成熟前 1 个月时进行，以全园覆盖为好。

（2）果园间作　果园间作是一项有效提高自然资源利用率，提高果园复种指数，促进农业产业结构调整的重要技术措施之一。间作适用于 5 年以下的幼龄果园。

①间作原则。必须留足幼树营养带，一般新建园营养带宽度为1.2~1.5 米，以满足幼树根系对土壤水分、养分的需求，二、三年生幼园营养带留足 2 米左右。不宜间套深根系及高秆作物，深根系作物如小麦、大麦等因 5、6 月在幼树春梢旺长期争水争肥矛盾突出，不宜在幼园间作，高秆作物如玉米等在生长中后期会对幼树枝叶遮光，影响花芽形成，不宜在幼园间作。秋季需大量施肥、灌水的作物不宜在幼园间作，间作此类间作物因灌水管理造成幼树晚秋旺长、木质化程度差、中短枝二次萌发减少树体养分积累而影响花芽形成等。

②间作模式。按间作物种可分为"果—经"模式、"果—薯"模式、"果—瓜"模式、"果—菜"模式。代表作物分别为豆类作物如大豆、黑豆、绿豆等，马铃薯、红薯等，瓜类作物如西葫芦、南瓜等，茄子、萝卜、叶菜类等耐阴或较耐阴类蔬菜作物。

③注意事项。选择间作物应根据当地土壤、气候及灌水条件，选择适宜种植的间作物，避免秋季或晚秋需大量灌水、施肥的间作物。对连片幼园特别是大果园间作要尽量采用机械整地、机械施肥、机械播种和收获，以免因投入人工较多而影响间作物收益。对间作物喷施除草剂时，要选择无风天气，并压低喷头或在喷头部位装上防雾罩，以防除草剂喷洒到果树上引起药害。对苹果幼树进行喷药防治病虫害时，要充分考虑间作物收获时间和农药安全间隔期。第 4 年幼树及以后的初果期、盛果期园已不再适合间作经济作物，可改种季节性绿肥或行间生草。

（3）起垄栽培技术　起垄栽培在平原黏土地、易涝地采用效果很好。起垄后地表面积显著增加，果树根系分布范围内土壤通气、温度状况发生了明显的变化，土壤微生物活性增强，粗根发达、分枝多，细根发育良好，促进了树体健壮发育，叶片光合能力强，树体养分积累多。起垄的具体方法：沿果树行间起垄，使定植线最高，两侧略低，起垄高度一般 10~30 厘米，过厚会影响表层根系的透气性。

（4）果园免耕技术　果园免耕能保持土壤自然结构、降低生产成本。缺点是果树与作物不同，每年制造的有机物质多用于果实和枝干生长，果园若采用与作物相同的土壤免耕技术，不耕作、不生草、不覆盖，用除草剂灭草，土壤中有机质的含量得不到补充而逐年下降，并造成土壤板结。所以，采用免耕制的果园要求土层深厚、土壤有机质含量较高的园地；或采用行内免耕、行间生草制；或行内免耕、行间覆草制；或免耕几年后，改为生草制，过几年再改为免耕制。

2. 施肥技术

施肥时要注意以下原则：以有机肥为主；氮肥的施用应着眼于提高氮素物质的贮藏积累，旺长期避免大量施用氮肥，要加强叶面喷施及秋季施用；注意中微量元素的使用；施肥要与水分管理密切结合。总的来讲，幼树因为需要进行根系建造，应多施些磷；结果期树则需要较多的氮、钾和钙。

（1）果园施肥量及其诊断方法

①果园施肥量。树体每年氮的吸收量近似于树体中氮含量与第2年假定生长的组织中氮含量之和。盛果期树体中每年的氮含量处于一个相对稳定的状态。氮肥推荐用量为 $100\sim150$ 千克/公顷。

②果树营养诊断方法。施肥量确定的科学方法应通过营养诊断进行，包括如下方法：

田间试验法。将果园划分为不同的小区，每小区施用肥料的种类、用量不同，观察果树生长发育状况。可以找出某一土壤条件下某种肥料的最佳剂量及施用最佳时间，若与其他肥料交互使用，亦可找出最佳肥料组合。

土壤诊断法。通过测定土壤中营养元素含量、有效土层厚度、土壤腐殖质含量、土壤 pH、代换性盐基量、土壤持水量、微生物含量等参数，综合确定土壤供给养分的能力。

植物分析法。主要测定叶片、根、果实中的元素含量。叶片是元素诊断的主要器官，叶片矿质元素水平可敏感反应植株营养水平，但是取样标准要有严格规定，如取样时间、取样部位等，否则误差极大。根系元素水平可反映其吸收能力。对钙、镁的分析，尤其对钙的分析采用果实分析法效果好。

外观诊断法。树体营养状况如何，会在外观上有一个综合的表现，通过多年的系统观察，会形成较为可靠的综合评判。具体可以从树相和叶片 2 个方面加以判别。

（2）施肥时期及其依据

①确定施肥时期的依据。果树对肥分的需求，在一年中有其变化规律；在一生中，不同年龄阶段，其需肥特点也不相同。大体可分为以下 3 个阶段：

萌芽期到新梢停长期。在这一时期，苹果开始主要依靠上一年的植物器官中所累积的氮，后期依靠土壤吸收的氮，为苹果大量需氮期。

新梢停长期到果实采收期。在这一时期苹果中氮含量显著上升，新吸收的氮用于满足生长需要，贮藏氮分配到新生器官。该时期主要特征是氮的吸收和利用同时进行，枝干器官可积累全部所需氮的 60%。

采收期到萌芽。此时期主要是贮藏氮的累积，落叶前叶片约 50% 的营养回流到多年生器官中。建议果园在秋季施用氮肥，依靠冬季降水，把施入的氮肥运输到根毛区。花器官的形成和早期营养生长主要依靠贮藏营养，从土壤中显著吸收氮肥是在春季枝条旺长期和叶片迅速膨大期。

②施肥时期。基肥的主要施入期为早秋，即"秋施肥"。一般而言，秋季施肥应在中早熟品种采收后尽快施入，大约在 9 月进行。在山区干旱地块，基肥也可以在雨季趁墒施用。但肥料必须是充分腐熟的精肥，挖小坑施入，速度要快，不能伤粗根。生长季追肥主要包括 6 个时期：

萌芽前追肥。此期根系活动能力较差，吸收力差，追肥施入土中肥效差，因此，可在萌芽前利用较高浓度的速效性肥料如 5% 的尿素喷施。

萌芽后至花前叶面追肥。在萌芽至开花这一时期进行叶面追肥，极有利于叶的建造，尤其短枝及果台上的叶，很早即有光合输出。因此，这个时期叶面喷肥对提高短枝营养水平极有利。

花后追肥。花后追肥一般在坐果期进行，不仅利于坐果及幼果膨大，而且利于果树叶幕的进一步建成，从而提高树体光合能力，提高其碳素代谢水平。

花芽分化期追肥。可以显著提高树体营养能力，尤其是光合作用能力提高明显。树体碳素营养水平高，为各种生理活动提供碳元素。

果实迅速膨大期追肥。果实生长中后期进入迅速膨大期，充足的肥分供应可以提供树体营养能力，为果实膨大提供更多的干物质，与当年产量关系重大。

采果后追氮肥。此时结合基肥施入速效性肥料或叶面用 1% 尿素、磷酸二氢钾喷肥，对于提高树体营养积累，促进花芽进一步发育，提高枝梢成熟度具有重要意义。

③施肥方法。生产上基肥多为土施，达到根系集中分布层即可。施肥时要将肥料与土混匀填入，踏实，灌水。主要包括以下几种方法：

全园施肥。将肥料均匀地撒在地面，然后翻入土中，深达 20 厘米左右。适用于成龄果园或密植园，果园土壤各区域根系密度较大，撒施可以使果树各部分根系都得到养分供应；而且便于结合秋季深翻进行，劳动效率高。但若肥料施用较少，全园撒施则不能充分发挥肥料的作用。

环状沟施肥。在树冠投影边缘以外挖环状沟，宽 30～50 厘米即可，深达根系集中分布层，一般 40 厘米左右即可。将有机肥与表土混匀填入沟内。大树每次挖 4～6 个环状沟，小树可挖 2～3 个。雨季水多的地区，沟上要起高 15～20 厘米的垄，以免沟内积水。环状沟施肥操作比较简单，劳动效率高。但每次施肥仅在外围，树冠内膛的根系得不到更新，营养条件日趋恶化，自疏而死亡加快，引起内膛粗根光秃，进而导致树冠内膛短枝早衰死亡，这是树体结果部位逐年外移的原因之一。

放射沟施肥。在树冠下大树距干 1 米、幼树距干 50～80 厘米，向外挖放射沟 3～6 条。沟的规格为内深、宽 20～30 厘米，外深、宽 30～40 厘米。肥料与表土混匀填入沟中，底土作埂或撒开风化。雨水大的地区同样需在沟上起垄（高 15～20 厘米）防止沟内积水。沟的位置每年可轮换。放射沟施肥可以有效地改善树内膛根系的营养条件，促进树冠内膛短枝发育。但在密植园、大树冠下采用这一方法很不方便。

条状沟施肥。在果树行间开沟，施入肥料，可以结合果园深翻进行，密植园可采用此法。条状沟施肥工作量较大，但改土效果好，且可以应用机械提高工效。

穴状施肥。在树干外 50 厘米至树冠投影边缘的树盘里，挖零星分布的 6～12 个深约 50 厘米、直径 30 厘米的坑，把肥料埋入即可。这种方法可将肥料施到较深处，伤根少，有利于吸收，且十分适合施用液体肥料。另外，起垄的果园在株间挖沟施入，之后再修复垄台。密植园、实行果园生草的果园可以铺施、撒施，不进行翻耕。

④叶面喷肥技术。可结合喷药进行，叶面喷肥后 10～15 天叶片对肥料反应最明显，以后逐渐降低，至第 25～30 天则已不明显。因此，如果想通过叶面喷肥来供应树体某个关键时期的需求，最好在此时期每隔 15 天喷 1 次。叶面喷肥的最适温度为 18～25℃，空气相对湿度在 90％左右为好。喷布时间以上午 8～10 时和下午 4 时以后为宜。阴雨天不要进行叶面喷肥。叶面喷肥时喷布一定要周到，做到淋洗式喷布，尤其叶背，一定要喷到。早春萌芽前和秋季采收后是叶面追肥的 2 个重要时期，特别是大年树、早期落叶树、衰弱树，因秋季和翌春新根量少，从土中吸肥能力有限，秋季喷肥可显著提高树体贮藏营养水平。萌芽前喷肥可以弥补贮藏营养及早春根系吸收之不足，喷后叶片转色快，短枝叶净光合输出早，花器官发育好，坐果率高。

⑤测土配方平衡施肥技术。利用营养均衡的原理，以果树在各个生长阶段所需养分以及土壤条件为依据，通过人工测土的方式进

行补缺，以达到果树营养平衡的一项施肥技术。在果树的产量与质量目标都确定的条件下，果树在不同阶段的养分需求量和比例已经确定，利用果树营养规律可以计算出具体营养量和土壤可提供的养分量，可以通过测土进行计算。测土配方平衡施肥技术可以保障果树生长所需养分，提高果树产量与质量，同时还能减少肥料的使用频率和数量，避免浪费肥料，减少环境污染，促进经济效益的提高。大致操作为土壤测试、定类、定量、施肥等过程。为提高果树测土配方施肥技术效果，要根据果树营养特性，实施分类指导；加强有机肥料的使用，避免环境污染；重视整个果园的施肥灌溉技术；改善施肥时间以及施肥方式。

3. 节水灌溉技术

（1）主要灌水时期　灌水应在苹果树的需水临界期进行，具体的灌水时期应视天气状况和树体生长发育状况灵活掌握。多数情况下可考虑在下列时期灌水：

①发芽前后至花期。此时土壤水分充足，可以保证萌芽及时而整齐，叶片建造快，光合能力强，开花整齐，坐果率高，为当年丰产打下坚实基础。我国北方干旱地区，此期灌水更为必要。

②新梢旺长及幼果膨大期。此期为果树需水的第 1 个临界期，新梢生长和幼果膨大竞争水分，果树生理机能最旺盛，充足的水分供应可以促进新梢生长，提高叶片光合能力，促进幼果膨大。水分不足，则叶片从幼果中争夺水分，引起幼果皱缩脱落，直接影响当年产量。如果过于缺水，则强烈的蒸腾作用还使叶片从根系中夺取水分，致使细根死亡增加，吸收能力严重下降，从而导致树体衰弱，产量严重下降。

③果实迅速膨大期。此时期也是花芽分化期，适当的水分供应，不仅与当年产量关系密切，而且影响翌年产量，因此，此时期为果树的需水第二临界期。

④摘袋前。通常采收前不宜灌水，否则易引起裂果或引起品质下降。但套袋果园摘袋前应灌 1 次水，以免摘袋引起果实日烧。较干旱的年份，临近果实成熟也应适当灌水，以使果实上色鲜艳。

⑤采收后至落叶前。此时灌水，可使土壤储备充足的水分，促进肥料分解及养分释放，促进翌春树体健壮生长。寒地果树越冬前灌1次水，对果树越冬极为有利。

（2）**灌溉方法** 主要包括漫灌、沟灌、穴灌、滴灌、喷灌和水肥一体化等技术。

①漫灌。漫灌是传统灌溉的方法，部分采用树盘灌，一次灌透。深厚的土壤，一次浸湿土层达1米以上，浅薄土经过改良的，也要达到0.8～1米，每亩用水达60吨，浪费水，对土壤结构破坏较重，易引起根系窒息死亡。因此，除了冬季灌封冻水和盐碱地大水洗盐外，不宜采用大水漫灌。

②沟灌。具体方法是在果树行间开沟，沟深20～25厘米，密植园在每1行间开1条沟即可；稀植园如果为黏土，可在行间每隔100～150厘米开1条沟，疏松土壤则每隔75～100厘米开1条沟，灌满水渗入后1～2小时，将土填平。沟灌的优点是使水从沟底和沟壁渗入土中，土壤浸润均匀，蒸发渗漏量少，每亩用水20吨左右，并且克服了漫灌易破坏土壤结构的缺点。

③穴灌。在树冠投影边缘均匀挖直径30厘米、深约40厘米的穴，一般4～12个，水灌满穴为度。若结合埋设草把进行穴贮肥水，灌后覆膜，效果更好。穴灌节水，每亩5～10吨水，穴周围水分稳定而均匀，不破坏土壤结构，对于干旱、水源缺乏地区是一种切实可行的节水灌溉方法。

④滴灌。滴灌是采用水滴或细小的水流缓慢浸润根系周围的土壤，因此水分浸润均匀，不破坏土壤结构，保持土壤良好的通气状况。采用滴灌的植株根系分枝多，细根量大，色浅，活性强。每株可设置3～6个滴头，每滴头每小时滴水5升，连续灌水2小时即可，每亩灌水5吨左右。3—5月干旱季节，沙化土或沙砾土壤每周可灌2次。

⑤喷灌。通过人工或自然加压，利用喷头降水喷洒果园的灌溉方法为喷灌。基本上不产生深层渗漏和地表径流，不破坏土壤结构，而且可以调节果园小气候，减低低温、高温及干热风的危害。

喷灌必须在微风至无风的天气进行，喷灌后果园湿度增加，要加强病害防治，密植园尤其如此。

⑥水肥一体化技术。借助压力系统将可溶性固体肥料或液体肥料按要求配成肥液，与灌溉水一起通过管道系统输送到果树根部，可做到均匀可控、定时定量浸润根系分布区域。优点是水肥同施，肥效快，养分利用率高，既节约肥料又减少环境污染，同时省工省时。但水肥一体化技术要求有专门的设备，投入成本高，对水质要求也高。也存在次生盐渍化的风险，土壤结构有恶化的趋势。

（3）果园排水　在我国北方苹果产区，果园排水时间主要是6—8月，此时正值雨季，降水丰富，气温高，若不及时排水，易引起徒长或涝害。个别地下水位高的果园，要随时注意排水，而非仅在雨季，其他季节的急降水也会造成涝害，这些果园可挖永久性的大排水沟，随时排除多余水分。新植幼树由于灌水将大量细土沉入坑底形成花盆效应，更容易造成涝害，雨季更要及时排水。

（五）合理树形与修剪技术

整形修剪的主要目的是在土、肥、水综合管理的基础上，调控苹果的生长量和生长节奏，调控苹果树生长与结果、衰老与更新之间的转化，调控苹果树与环境的关系，以达到早果、丰产、稳产、优质和省工的目的。

1. 树体结构特点

（1）树干　树干是树体的中轴，由主干和中心干两部分组成。从根颈以上到第一主枝之间称为主干。主干以上到树顶之间部分，称为中心干。有些树体虽有主干但无中心干。树干，尤其是主干是树体地上部分树冠与地下部根系之间营养交流的中枢，是树体的重要部位，要注意保护。

（2）树冠　主干以上，由茎反复分枝构成树冠。树冠内比较粗大而起骨干作用的枝称为骨干枝。直接着生在树干上的永久性骨干枝称为主枝，主枝上的永久性分枝称为侧枝，骨干枝依分枝的先后次序排列级次，主枝是1级枝，侧枝是2级枝，树体上不同级次的枝，相互间形成主从关系。

（3）枝组　枝组是着生在各级骨干枝上的小枝群，是构成树冠叶幕和生长结果的基本单位。枝组直接着生在各级骨干枝上，骨干枝的结构合理与否直接影响枝组，两者是相互依存和相互制约的关系。枝组与骨干枝之间是可以互相转化的，即枝组通过减少结果负担、抬高角度等加强营养生长的措施，就能转化为骨干枝。反之，有些骨干枝，通过增加结果量、压低角度等措施也可转化为枝组。

（4）枝条　一年生枝上的芽抽生出新的枝条和叶片，在当年落叶以前称为新梢。新梢落叶后即为一年生枝。一年生枝分为营养枝与结果枝。在新梢生长过程中，其叶腋内的芽当年萌发抽生新的枝梢称为 2 次枝，2 次枝当年又抽生的分枝称为 3 次枝。有些树种的 2 次枝习惯上又称为副梢，3 次枝又称为 2 次副梢。苹果树的幼旺树和旺枝的健壮发育枝，在 6—7 月有一段生长停滞现象，表现为节间变短，芽体不饱满或只有瘪芽，有的只有芽的痕迹而无芽，然后又进行生长，使新梢明显地分成 2 段，称为春梢和秋梢，2 段的交界处一般称为盲节。有时新梢的生长可分成春梢、夏梢和秋梢 3 段。

2. 苹果生长与结果习性

（1）芽的类型

①叶芽。萌芽后只抽生枝叶的芽称为叶芽，叶芽着生在枝条的顶端或侧面。

②花芽。芽内含有花原基的芽称为花芽。苹果花芽为混合花芽，既含有花原基，又含有叶原基，萌芽后既可抽生枝叶又可开花结果。苹果花芽顶生或侧生（腋花芽），其中以顶花芽结果为主。腋花芽主要发生在初结果期树上，且发生数量与品种有关。

（2）枝的类型

①营养枝。只着生叶芽的一年生枝或新梢，依其长度可分为长枝（15 厘米以上）、中枝（5～15 厘米）、短枝（5 厘米以下，节间极短，无明显腋芽）。营养枝根据生长情况不同又可分为发育枝、竞争枝、徒长枝、细弱枝；依抽生季节不同可划分为春梢与秋梢、

副梢。

②结果枝/结果母枝。着生有花芽的一年生枝，依其长度不同可分为长果枝（15厘米以上）、中果枝（5～15厘米）、短果枝（5厘米以下）。

③果台枝。苹果花芽萌发后，先抽生短枝，在其上开花结果，短枝膨大，称为果台，在果台上萌生的枝为果台枝，亦称为果台副梢。

（3）枝、芽特性

①芽异质性。位于同一枝上不同部位的芽由于发育过程中所处的环境不同和内部营养供应不同造成芽质量有差异的特性。芽质量常用芽饱满程度表示，即饱满芽、次饱满芽、瘪芽等。

②萌芽率与成枝力。发育枝上萌发的芽数占枝条总芽数的百分比表示萌芽率；发育枝经剪截后，抽生出长枝的能力称为成枝力（以抽生长枝的个数表示）。

③潜伏芽/隐芽。由于发育程度较差或所处位置不同，完成芽分化后在正常情况下不萌发的芽。

④顶端优势。活跃的顶端分生组织、生长点或枝条对下部的腋芽或侧枝生长的抑制现象。表现先端枝条生长势明显比下部强，有时亦称为极性。

⑤层性。树冠中的大枝呈层状结构分布的特性，是顶端优势和芽的异质性共同作用的结果。

⑥生长势与树势。一年生枝的生长势由其长度、粗度、其上着生的芽饱满程度、枝着生角度、节间长度等指标判断。骨干枝生长势则根据其上着生的一年生枝数量、不同类别枝梢枝类比来判断，即枝类或枝类组成。树势则是由其上着生的各类枝生长势综合形成，优质、丰产、稳产的苹果树需要中庸、健壮的树势。以新梢生长量、枝类比、叶面积及叶色等指标表示。

3. 修剪的基本方法

（1）短截　剪去一年生枝梢的一部分的措施称为短截。短截可促进剪口下芽萌发生长，提高成枝力，增加长枝的比例，其反应效果随短截程度和剪口附近芽的质量不同而异。

①轻短截。长枝轻短截仅剪去枝条顶部，剪口芽为次饱满芽，可形成较多中、短枝，有利于缓和枝势，枝轴加粗较快，容易成花，在树势较旺时采用。

②破顶。大叶芽枝，破顶可减缓生长势，有利于花芽形成；长果枝去顶花芽，以花换花。

③戴帽。在春秋梢交界处短截，留盲节，剪口下为弱芽，抑制了顶端优势，促使其下萌发较多的中短枝，形成花芽。和轻剪长放的反应相似，但戴帽可缩小所占空间，并使枝组紧凑。

④中短截。在枝条中部春梢饱满芽处剪，可形成较多的长枝，生长势旺，萌芽率高，光秃带少，枝干牢固、紧凑，常用在骨干枝、大型枝组延长枝上。中短截会引起树势变旺，长枝比例过高，影响花芽形成。

⑤重短截。在枝条下部剪，剪口芽为次饱满芽，可抽生 1～2 个旺枝、短枝，一般不能形成花芽，多在枝条较密或培养紧凑型枝组时应用，因其修剪量偏大，现在应用较少。

⑥极重短截。在枝条基部瘪芽处剪，可抽生 1～2 个中庸枝、短枝，在枝条密集、强枝换弱枝时使用。

（2）长放　一年生长枝不短截，也称甩放、缓放，常用于中、小冠树形的整枝，其反应效果随枝条类型不同而异。

①中庸枝、斜生枝和水平枝长放。易发生较多中短枝，容易成花和结果。为防枝条后部秃裸，可结合刻芽、环剥、拉平等措施。

②背上枝长放。需连续长放 2～5 年，可以成花结果，注意要留有生长的空间，不可过密，并控制大小，防止大树上长小树。长放与短截生长量比较，长放单枝生长量较小，但萌发的枝数多，总枝叶量大，母枝加粗快。

（3）疏剪　将枝梢从基部疏去，亦称疏枝，可减少分枝、降低枝条密度，改善树冠内部通风透光条件，对母枝有较强的削弱作用，有利于花芽分化、提高果品质量、减缓结果部位外移。疏除竞争枝、重叠枝、直立枝、过旺枝，可以增强延长枝的生长势。生长势弱的枝组，疏去侧枝，可集中养分，增强枝势。甩放枝，可缓和生长势，培养单轴延伸枝组。伤口附近萌枝，无发展空间的要疏除。萌发多个枝条时，可保留 1~2 个，多余的疏除。

（4）回缩　剪去多年生枝的一部分称为回缩，也称为缩剪。修剪的刺激较大，其反应效果因留枝的多少、强弱、角度不同而异。多用于结果枝组培养、角度调节和更新，骨干枝角度调节和更新，枝长和树冠大小的控制，应用时要特别注意剪后几年的连续变化。随树龄增加，骨干枝结果后先端下垂，在后部形成发育枝处回缩。结果枝下垂，在拐弯处发出新枝，通过回缩改变枝条角度，进行更新。

（5）曲枝　改变枝梢方向和角度的措施称为曲枝。把直立枝拉平、下弯或圈枝，能削弱枝条的顶端优势，提高萌芽率，减缓生长，促进花芽形成和结果。曲枝可开张骨干枝角度，能使一些直立枝、竞争枝免于疏除，变废为宝。

（6）刻伤和多道环刻

①刻伤。春季芽萌发前后，在芽的上方，用刀或用小锯横切皮层达木质部，称为刻伤或目伤。可阻碍顶端生长素向下运输，能促进切口下的芽萌发和新梢的生长。单芽刻伤多用于缺枝部位；多芽刻伤主要用于轻剪、长放枝上，以缓和枝势、增加枝量。

②多道环割。是在枝条上，每隔一定距离，用刀或剪环切 1 周，深达木质部，能显著提高萌芽率。主要用于轻剪、长放枝上，以缓和枝势、增加枝量。

（7）摘心　夏季摘除新梢幼嫩的梢尖，可削弱顶端生长，促进侧芽萌发和 2 次枝生长，增加分枝数。当直立枝、竞争枝长到 15~20 厘米时对其摘心，以后可连续摘 2~3 次，从而能提高分枝级数，促进花芽形成，有利于提早结果，亦可培养成结果枝组。

（8）扭梢　5 月上中旬新梢基部处于半木质化时，将新梢基部扭转 180°，使木质部和韧皮部受伤而不折断，新梢呈扭曲状态，可控制背上枝旺长和促进花芽形成。

（9）拿枝　亦称捋枝，在新梢生长期用手从基部到顶部逐步使其弯曲，伤及木质部，响而不折。在苹果春梢停长时拿枝，有利于旺梢停长和减弱秋梢生长势，有利于形成花芽。多年生枝重复进行拿枝软化，不仅可以开张枝干角度，而且可以增加花芽量。

（10）环剥　即将枝干皮部剥去一圈。环剥暂时中断了有机物质向下运输和内源激素上下的交流，促进剥口以上部位碳水化合物的积累，同时也抑制根系的生长，降低根系的吸收功能。因此，环剥具有抑制营养生长、促进花芽分化和提高坐果率的作用。

4. 主要树形及整形技术

（1）树形分类　依据不同的砧穗、自然和栽培条件、栽植密度、控管技术等因素，形成不同的生长势和最终的树体大小，进而选用相应的树形和整形方法，苹果生产常用的树形见表1-4。

表1-4　常见树形结构

树形	主枝	主枝或分枝				侧枝
		数量（个）	长度（米）	角度（°）	枝干比	
圆柱形	无	30～40	0.7～1.2	80～120	1∶5	无
细长纺锤形	小	15～20	1～1.2	80～110	1∶3	无
自由纺锤形	中	8～10	1.5	70～90	1∶2	无
小冠疏层形	大	5～6	2.5～3	60～80	1∶1.5	有
小冠开心形	大	3～5	2.5～3	60～80	1∶1.5	有

（2）树形选择　不同树势类型结合自然条件和栽培条件，决定了苹果树冠最终的大小，是选择树形的主要依据。密植情况下应用大冠型树形，是造成成龄果园郁闭的主要原因，但应用中冠型树形，整形技术措施不到位，树冠大小得不到有效控制，也会引起果园郁闭。乔砧稀植树树冠大，宜采用少主枝、多级次、骨干枝牢固的基部三主枝自然半圆形、主干疏层形、自然半圆形；乔砧密植形成中冠形，宜选用小冠疏层形、小冠开心形等；矮砧密植果园树冠小，宜选用狭长、紧凑的树形如圆柱形、细长纺锤形。

（3）主要树形的整形技术

①小冠疏层形。该树形有中心干，直立或弯曲延伸，干高50

厘米左右，全树 5～6 个主枝，分 2～3 层排列，第一、二层层间距为 70～80 厘米，第二、三层层间距为 50～60 厘米；第一层 3 个主枝均匀分布，邻近或邻接，层内距 20～30 厘米，主枝基角 60°～70°，每个主枝上着生 1～2 个侧枝，第一侧枝距主干 50 厘米左右，第二侧枝距第一侧枝 40～50 厘米；第二层留 1～2 个主枝，与第一层主枝插空安排，不留侧枝，直接着生结果枝组。树高 3.5 米左右，冠径 2.5 米左右。整形过程如下：

定干和栽植当年的修剪。定干高度 60～80 厘米，剪口下 20～40 厘米的整形带内要有 8 个以上饱满芽。苗干发芽前后，选择平面夹角 120°、芽间距 10～20 厘米的 3 个芽进行刻芽。抹除距地面 40 厘米以下干段上萌发的嫩梢。5 月和 7—8 月，对竞争枝和角度小的分枝，进行开张角度。冬季修剪，疏除竞争枝、枝干比＞1/2 的强枝。中心主枝延长枝留 60～70 厘米短截。选出大小相近、生长势一致的 3 个主枝，留 50～60 厘米短截。当年仅抽生 3～5 个长 30～60 厘米新梢的弱树，其主枝留 30～40 厘米短截。如果第一年只能选定 2 个主枝时，中心主枝延长枝剪留长度一般不宜超过 30 厘米，剪口下第三芽一定要留在第三个主枝应该着生的方向上，即 2 年培养出第一层主枝。

第二年修剪。4—5 月，对上年选定的主枝，采用拉、撑、坠、压等措施，使主枝基角保持 70°左右，轴养枝拉成 90°。对主枝上新萌发的辅养枝，可以采取扭梢、摘心等方法，以缓和枝势，增加中、短枝数量。冬剪疏除竞争枝、角度小的旺枝、过密枝。中心主枝留 50 厘米左右短截。各主枝延长枝留 40 厘米左右短截，主枝下面留 1 枝短截，留长比主枝延长枝稍短。中心主枝延长枝下面选取 2～3 个大而插空生长的枝，也短截留 40 厘米左右，作为第一层过渡层，以后采取缓放、环割等促花措施，培养成大结果枝组。上年留下的辅养枝，疏除上面的强枝，并采取缓放、环割等促花措施。

第三年修剪。5—6 月对背上直立枝进行扭梢，辅养枝拉平、软化，较大的辅养枝在 5 月底进行基部环剥，促进成花结果。冬剪疏除竞争枝、角度小的旺枝、过密枝。中心主枝留 50 厘米左右短截。疏除各主枝上的强枝、过密枝，延长枝留40厘米左右短截。侧枝不再留大的分枝，进行单轴延伸延长枝短截，留长比主枝稍短。中心主枝延长枝下面选2个二层主枝，修剪前留40厘米左右短截。上年留下的辅养枝疏除上面的强枝，并采取缓放、环割等促花措施，疏除过密的辅养枝。

四至五年生树修剪。夏剪原则上与上年相同。冬剪时，在中心主枝上，选强枝当头，保持顶端优势，并选出第二层主枝，插在基部主枝的空档处，同时，基部主枝上培养1～2个侧枝。调整主、侧枝生长势，使其健壮生长，对辅养枝采取轻剪、缓放、夏剪等措施，减缓枝势，增加中、短枝数量，促进花芽分化，提高产量。到第六年，可基本完成整形任务。

②小冠开心形。又称为高干开心形，其特点是干高较高、骨干枝数量、层数和级次较少、叶幕层薄，通风透光较好，果实品质优良，适于中等密度苹果栽培的树形。该树形干高1.0～1.5米，树高2.5～3米，主干上最终保留3～4个主枝，每一主枝上着生2～3个侧枝，主枝和侧枝上着生结果枝组，有的下垂结果枝组可延伸1.0～1.5米。苹果小冠开心形的成形过程可分为4个阶段：1～4年为幼树阶段，又称主干形阶段；5～8年为过渡阶段；9～10年为成形阶段，又称延迟开心形阶段；10年以后逐渐发育成形。

幼树阶段建立树体骨架，迅速形成主干形的树体结构，管理与自由纺锤形基本相同。栽植第一年在80～100厘米处定干，夏季苗木的剪口下可发生4～6个长的新梢，剪口第一枝作为中心主枝延长枝培养，夏季不处理，第二芽枝角度直立，易形成竞争枝，当其长到30～40厘米时进行软化拉平，以促进其他新梢生长。其他枝角度小的，可通过拉枝进行调整。第一年冬季修剪，中央主枝延长枝留60厘米左右短截。疏除竞争枝，疏除过粗枝，留4～5个长枝作为骨干枝，轻短截或缓放。

第二至四年的整形修剪。夏季对角度较小的枝条，拿枝软化、拉枝等，开张角度。对当年发出的背上旺梢，进行扭梢控制生长势，过密的和过旺的疏除。三至四年生树，生长势较旺，枝量较大的，进行环剥促花，以便以果压冠，控制树势和树冠大小。冬季中心主枝延长枝留50～60厘米短截。疏除竞争枝。角度开张、长势缓和的枝条作为骨干枝保留，轻短截或缓放。各骨干枝延长枝缓放不短截，其他枝条通常保留并缓放，培养结果枝组。疏除骨干枝上较大的分枝，使骨干枝保持单轴延伸。4年幼树期结束时，已形成主干形树冠，骨干枝数量达到12个，树高达到3.0～3.5米，初步形成纺锤形树冠基本结构。

过渡期的整形修剪。主要任务是完成苹果树形由主干形树形向开心形树形的过渡，同时也要完成树体由营养生长向结果的过渡。在此期间，需实施开心落头、疏枝提干等措施，同时全树的主枝逐渐明确，辅养枝数量逐渐减少。主枝的选留从第五至六年开始，直到8～10年时结束。主枝修剪时，为了稳定树势，延长枝以轻剪缓放为主，同时也需要选择培养大、中、小型结果枝。在过渡期，树龄较小时应尽量利用辅养枝，尽可能缓放轻剪，尽早结果。对影响主枝、临时主枝生长的辅养枝，要进行改造、缩小，甚至疏除。对于着生部位较低的辅养枝也要逐渐改造或疏除。随着树龄的增加，永久性主枝上的结果枝组越来越多，辅养枝的结果功能也随之淡化，产量从辅养枝逐渐向主枝转移。第八年过渡期结束时，开心形苹果树上通常仅保留3～5个永久性主枝和少量辅养枝。

成形阶段的整形修剪。主要任务是进一步完善树形结构，并培养下垂结果的枝组体系。高密度果园，在这一阶段控制临时株，并逐渐间伐。这时以主枝为中心的扇状枝群仍在缓慢扩展，向外伸展扩大树冠，同时结果枝组也继续下垂，扩大立体空间。成形期，一部分结果枝组生长势衰弱，枝龄达到6～8年时，需要考虑枝组的更新。更新之前，枝组基部弯处经常出现萌生枝，选择比较强旺的背上枝作为结果枝组的预备枝进行培养，待其具有结果能力后，将旧的结果枝组从基部疏除。结果枝组的更新需要循序渐进，逐年分批进行。

成形后的整形修剪。开心形苹果树的树形骨架基本稳定后，主枝向外延伸较慢。该期整形修剪的任务，一方面是维持现有树形结构，平衡树势；另一方面还需要及时进行主枝的更新，复壮树势，尽可能地延长经济结果年限。需要注意主枝延长头的定期更新，一般更新周期为10年左右。为了平衡与复壮结果枝组的生长势，整形修剪时通常需要注意：适当降低结果枝的密度，增加结果枝组的光照；定期进行枝组的更新，一般更新周期为6～8年，当结果枝组新梢势力明显衰弱时，由背上萌生的新枝或枝组代替；为了保持树势，应不夏剪，并适当加大冬季的修剪量；注意多留中长枝和多疏短、弱枝。

③自由纺锤形。干高0.6～0.8米，树高3.5～4.0米，中心干上着生15～25个主枝。主枝基部粗度小于着生部位中心干粗度的1/3，长度控制在1.2～1.4米，角度拉至90°～100°。主枝上培养结果枝组，结果枝组的角度大于主枝角度。适宜株行距（2.0～2.5）米×（4.0～4.5）米的果园。整形修剪技术如下：

定植当年。如用三年生大苗建园的不定干，疏除基部粗度超过着生处中心干直径1/3的强壮分枝，其余分枝全部保留；如用二年生苗，栽植后保留中心干顶部所有饱满芽定干（1.5米左右），萌芽前进行刻芽，从定干处向下第三芽开始每隔3芽刻1个，刻至距地面60～80厘米处。生长期间，及时控制竞争枝生长及其他新梢开张角度。

定植第二年。2—3月进行冬剪，对中心干延长枝保留所有饱满芽短截，并进行相应的刻芽。采用枝基部斜剪法疏除粗度超过着生处中心干直径1/3的强壮分枝，其余分枝缓放并拉至90°～100°。5月下旬至6月中旬对基部粗度超过中心干直径1/3的新梢进行重短截；7月下旬至8月中旬对侧生新梢开张角度至90°～110°，对背上发生的2次梢及时摘心或拿梢，控制营养生长。

定植第三年。发芽前1个月，围绕整形和促花进行修剪，疏除基部粗度超过着生处中心干直径1/3的分枝，其余分枝开张角度至90°～120°，选留生长势中庸、角度适当的一年生枝条作主枝。生长季修剪主要进行摘心、拉枝、疏剪，调整树体结构和长势，促进花芽分化和形成。

定植第四年后。春季修剪以疏枝和缓放为主，对中心干不再进行短截。疏除中心干上着生的密挤枝、外围延长头的竞争枝和主枝背上的直立旺长枝，其余枝条开张角度、缓放。夏季修剪主要是综合运用多种修剪方法，调整优化树体结构，稳定树势和枝势，提高树体营养运转和积累水平，促进花芽分化和形态建成。

④细长纺锤形。干高 0.8 米左右，树高 3～3.5 米，中心干上着生 25～30 个主枝，长度 100～120 厘米，角度 100°～110°。主枝上直接着生中、小型结果枝组。冠径控制在 1.5～2.0 米。该树形适用于株行距 (1.5～2.0) 米×(3.5～4.0) 米的果园。整形修剪技术如下：

定植当年。若选用三年生带分枝大苗定植的，则不定干或轻打头，除去基部直径超过着生处中心干直径 1/3 的分枝，其余分枝全部保留；若选用二年生苗木的，定干至中心干顶端饱满芽处，萌芽前进行刻芽，即从苗木定干处向下第五芽开始，每隔 3 芽刻 1 个。生长期间，选择着生部位适宜的健壮枝条培养为主枝。及时摘心控制竞争枝生长，其他新梢开张角度。

栽植第二年。2—3 月进行休眠季修剪，一是要保持中心干的生长优势，疏除中心干延长头下的 1～2 个竞争性分枝。对中心干强的树，中心干延长头进行缓放或轻打头；对中心干较弱的树，在中心干延长头顶部饱满芽处短截，促发壮旺新梢。二是疏除中心干上基部直径大于着生处中心干直径 1/3 的强壮分枝及直立旺枝、密生枝、重叠枝，其余分枝全部保留。三是对选留下来的分枝开张角度至 100°～110°，缓放或轻去头。生长季修剪主要通过摘心、拿枝、重短截等措施控制中心干和主枝的背上直立梢及强壮新梢的旺长，及时疏除竞争枝。7 月下旬至 8 月中旬开张分枝角度至 100°～120°，促进营养生长向生殖生长转化。

栽植第三年。冬剪时疏除基部粗度超过着生处中心干直径 1/3 的分枝，其余分枝开张角度至 100°～110°，对中心干延长头不再进行短截修剪。5 月下旬至 6 月上旬对枝条实施刻芽、环切、环剥等，培养结果枝组。7 月下旬至 8 月上中旬，对新梢进行拿枝、拉枝至下垂或实施机械断根等措施，促进花芽形成。

栽植第四年后。以疏剪和缓放为主，对中心干上的密集枝、外围延长头的竞争枝进行重短截疏除，主枝背上发生的直立旺枝从基部疏除，其余枝条开张角度缓放。夏季修剪采用摘心、拉枝、疏剪等方法，调整好树体结构和生长平衡，促进稳定结果和花芽分化。

⑤高纺锤形。成形后树体高度 3.5 米左右，干高 0.8～1.0 米，中心干上着生 30～40 个主枝，主枝粗度与其着生处中心干粗度之比为 1∶（4～6），长度控制在 1 米左右，开张角度控制在 110°～120°（较粗主枝角度可达 130°）。适合株行距（0.8～1.5）米×（3.0～4.0）米的果园。整形修剪技术如下：

苗木栽植当年。用木杆或竹竿绑缚。中心干较弱的树，栽植后在顶部饱满芽处短截定干，促发旺枝；中心干强旺的树不定干，夏季通过摘心控制竞争枝生长，其余新梢开张角度。冬季疏除中心干上直径大于着生处中心干直径 1/3 的强壮分枝，保留细弱分枝。疏枝剪口平斜，留出下位轮痕芽促发弱分枝。

栽植第二年。冬季继续疏除中心干上直径大于着生处中心干直径 1/3 的强壮分枝，保留长度 20 厘米以内的大角度弱势分枝。疏枝剪口平斜，留出下位轮痕芽促发弱势分枝。中心干较弱的树，在中心干延长头顶部饱满芽；7 月下旬至 8 月中旬拉枝，开张分枝角度至 100°～120°。对背上枝的 2 次新梢摘心或拿梢，控制生长、促进营养生长向生殖生长转化。

栽植第三年。冬剪时疏除基部粗度超过着生处中心干直径 1/3 的分枝，其余分枝开张角度至 100°～120°。5 月下旬至 6 月上旬对枝条进行刻芽、环切、环剥或 7 月下旬至 8 月上中旬进行机械断根，促进花芽形成。

栽植第四年。冬剪要疏剪和长放枝条，不再短截中心干，对中心干上着生的竞争性分枝斜剪重短截，其余枝条开张角度缓放。夏季进行摘心、拉枝、疏剪，调整好树体结构，平衡枝条的生长，促进花芽分化。

5. 不同时期的修剪特点

（1）幼树期

①以促为主，迅速培养树冠，为早期丰产奠定基础。树冠大小是苹果树结果多少的基础，只有树冠迅速形成，才能为早期丰产奠定基础。苹果树的生长发育在幼龄阶段，营养物质多趋向营养生长。因此，在二至三生以前的苹果树，要加强营养生长，防止出现"小老树"，促进迅速形成树冠，使树体、枝条早日布满空间。一至三年生树，为了促进营养生长，扩大树冠，修剪采取少疏、长留的剪法，以增多枝叶量。整形上重点是抓基角的开张。

②以缓为主、适当轻剪是获得早期丰产的保证。当幼树进入四至五年时，采用以缓为主的修剪方法，使营养枝迅速转化为结果枝。要合理增加小枝密度，迅速培养结果枝组，有效地控制和调节树体内营养的分配，使树势缓和。要使幼树结果早、树龄年轻枝龄老，方法上是截头促分枝，甩放促结果，出短枝先缓条；出中枝，截细又戴帽；壮芽当头跑长条，平、斜、细、弱结果早。即短枝缓出来，长枝促出来，中枝带出来。长放腋花芽枝，提早结果。六至七年生树，截缓结合，以缓为主，控制直立，多利用裙枝结果。

③处理轻剪与改善冠内通风透光条件的矛盾。八至十年生树重点是促内膛见光，里外都结果，此期解决光照是主要问题。对七年生以前的幼树，为了使树冠扩大快，结果早，丰产，修剪量是较轻的。因此，必然出现枝多而引起光照不足，小枝结果后容易衰弱。八至十年生的树可看作是向大树丰产的方向过渡阶段。采取的主要措施是该换头开张的换头，该回缩的回缩，过密的疏除一部分，有空间的要短截分枝补空，弱枝及早更新复壮。要解决光路，防止外围郁闭。

（2）盛果期　盛果期树结果量逐年增多，营养枝逐渐减弱。修剪的主要任务是调节生长与结果的关系，平衡树势，改进内部光照，更新结果枝组，防止大小年，保持树势健壮，延长盛果期的年限。盛果期树的各级骨干枝基本固定，应继续保持良好的从属关系，使树势均衡，枝条分布均匀。盛果期树要注意克服大小年，除了加强土、肥、水管理及搞好疏花疏果控制负载量之外，在修剪上，也要根据树势的生长情况，运用不同的措施。

（3）衰老期 20年以后的树如管理跟不上，新梢生长很短，内膛枝组衰弱或死亡，表现结果部位外移，树冠逐渐缩小或不完整，短果枝多、结果少，修剪反应不敏感，伤口愈合能力差。因此，这一时期的修剪任务应该是更新骨干枝和结果枝组恢复树势，延长枝组寿命和结果年限，使产量回升。修剪时要注意抬高枝头角度，多用短截，留壮枝壮芽，促生新枝，疏减细弱过密枝，尽量利用和保持直立徒长枝。

（六）套袋苹果病虫害综合防控技术

1. 预防为主，综合防治

（1）严格检验检疫，加强病虫预测预报 通过检验检疫，禁止危险性病虫由国外传入或国内传出。根据病虫发生规律，首先掌握危害时期，以确定有利的防治时机；其次掌握发生的数量，以决定是否需要进行防治；第三掌握扩散蔓延的动向，以标定预防的区域，最终达到及时控制病虫危害、确保优质丰产的目的。

（2）农业防治 科学的水肥管理可以保证果树的正常生长、增强树势、提高树体对病虫害的抵抗能力；果树修剪常年可以进行，通过除去不必要枝条，改善通风透光条件，增强树体的抗逆能力；同时除去病弱枝，有效控制病虫害滋生环境，降低病虫害发生率。落叶后，彻底清除病残枝、落叶、病僵果，集中深埋或焚烧，消灭其中的虫源和病源，减少病虫害越冬基数；树干绑草把或诱集带，诱集越冬害虫，早春害虫出蛰前，将其解下销毁；冬季封冻前和早春树干涂白，减轻日灼、冻害兼防天牛和木蠹蛾；春季土壤解冻后，在树盘周围覆盖薄膜，阻隔红蜘蛛和桃小食心虫等越冬害虫出土。

（3）物理防治 每2～3.3公顷果园安装1盏振频式杀虫灯，诱杀桃小食心虫、金纹细蛾、苹小卷叶蛾和金龟子等害虫；使用诱蝇器诱杀果蝇，使用捕虫黄板防治蝇类、蚜虫和粉虱类害虫等；糖醋液诱杀是利用害虫对甜味、酸味的趋向性诱杀害虫，可以在果园内悬挂糖醋液罐诱杀金龟子。田间悬挂性诱剂，利用性激素诱捕异性昆虫，阻止昆虫交配产卵，降低有害昆虫的数量。

（4）生物防治　利用有益生物防治病虫害，在病虫害高发期，通过引进天敌的方法，达到消灭害虫的目的，采用该方法可在害虫天敌繁衍和生长期减少化学药物的使用，防止对天敌产生危害。通过果园种草改善果园生态环境，招引、保护、繁殖及利用小花蝽、瓢虫、草青蛉、捕食性蓟马等天敌，达到以虫治虫、保持生态平衡的目的；人工释放赤眼蜂、瓢虫、草蛉等天敌，防治害螨类、蚜虫类、梨小食心虫等害虫。利用性诱剂扰乱昆虫的交配信息，减少昆虫的虫口密度。在果园周围种植忌避或共生植物，达到驱赶害虫的目的。应用生物源和矿物源农药防治害虫。

（5）化学防治　农药的使用标准是优先采用低毒农药，有限度地使用中度农药，严禁使用高毒、高残留农药和"三致"（致癌、致畸、致突变）农药。

2. 套袋苹果主要病虫害防治

套袋苹果的主要病虫害有日烧病、锈果病、苦痘病、霉心病、黑点病、康氏粉蚧、绣线菊蚜、桃小食心虫、玉米象等。

（1）日烧病

①危害特点。由温度过高而引起的生理病害，与干旱和高温关系密切。夏季温度过高时，由于水分供应不足，影响蒸腾作用，使树体体温难以调节，造成果实表面局部温度过高而遭到灼伤，从而形成"日烧病"。套袋苹果的日烧主要发生在果实的向阳面，初期果实阳面叶绿素减少，局部变白，继而果面出现水烫状的浅褐色或黑色斑块，以后病斑扩大形成黑褐色凹陷，随之干枯甚至开裂，发病处易受病菌的侵染而引起果实腐烂。

②发病规律。日烧病发生与气候、品种、树势、立地条件等有关。套袋果实遇干旱、高温等不利气候，易发生日烧病。不同品种之间日烧病发生程度有所差异。果园管理水平高、套袋前后土壤墒情适宜的园片，套袋果实日烧发病率低。

③防治方法。加强水肥管理，高温干旱不能及时灌溉时，避免土壤追肥，特别是不能过量追施速效化肥，以防土壤胶体浓度升高，影响根系吸水。浇水条件差的果园，应覆盖保墒。叶面喷磷酸二氢钾及其他微肥等，提高叶片质量，促进有机物的合成、运输和转化，增加套袋果实的抗病性。干旱年份可推迟套袋时间，避开初夏高温；套袋前后浇足水，漏水果园应每7~10天浇1次水，以降低地温，改善果实供水状况；有条件的果园，中午12~14时进行喷雾降温；树冠上部和枝干背上暴露面大的果实不套袋。避免套劣质袋和塑膜袋。

（2）锈果病

①症状。又称花脸病、裂果病，症状主要表现在果实上，某些品种的幼树及成龄树的枝叶上也表现症状。果实上的症状主要有五种类型，即锈果型、花脸型、锈果-花脸型、环斑型、绿点型。

锈果型是主要的症状类型，常见于富士、国光等品种，在落花后1个月左右从萼洼处开始出现淡绿色水渍状病斑，然后向梗洼处扩展，形成放射状的5条木栓化铁锈色病斑。若把病果横切，可见5条斑纹正与心室相对。在果实生长过程中，因果皮细胞木栓化，逐渐导致果皮龟裂，甚至造成畸形。有时果面锈斑不明显，而产生许多深入果肉的纵横裂纹，裂纹处稍凹陷，病果易萎缩脱落，不能食用。

花脸型果实在着色前无明显变化，着色后果面散生许多近圆形的黄绿色斑块；成熟后表现为红绿相间的"花脸"状。着色部分突起，不着色部分稍凹陷，果面略显凹凸不平状。

锈果-花脸型为锈果和花脸的混合型。病果着色前，在萼洼附近出现锈斑；着色后，在未发生锈斑的果面或锈斑周围产生不着色的斑块，呈"花脸"状。

绿点型是果实着色后，在果面散生一些明显的稍凹陷的深绿色小晕点，晕点边缘不整齐，近似花脸，也有个别病果顶部呈锈斑。

②发病规律。病毒病害，该病毒通过各种嫁接方法传染，也可以通过病树上用过的刀、剪、锯等工具传染，苹果一旦染病，病情

逐年加重，成为全株永久性病害。套袋果发生的锈果病主要是花脸型，病果着色前无明显变化，着色后果面散生许多近圆形的黄色斑块。红色品种成熟后果面呈红、黄相间的花脸症状，黄色品种成熟后果面呈深浅不同的花脸症状。

③防治方法。严格执行检疫制度，严禁在疫区内繁殖苗木或从疫区外调繁殖材料，新建果园发现病株要及时挖除，避免与梨树和其他寄生植物混栽，严格选用无病毒接穗和砧木以培育无病毒苗木。种子繁殖可以基本保证砧木无病毒；嫁接时应选择多年无病的树为接穗的母树；嫁接后要经常检查，一旦发现病苗及时拔除烧毁。修剪时工具严格消毒等都可以控制该病的发生。药剂防治：于初夏在病树树冠下面东西南北各挖 1 个坑，各坑寻找 0.5～1 厘米的根，将根切断后插在已装好四环素、土霉素、链霉素或灰黄霉素150～200 毫克/千克的药液瓶里，然后封口埋土，防效明显。

（3）苦痘病

①症状。幼叶染病常变畸形，有时叶尖出现斑点或坏死，常造成嫩梢枯死。苦痘病是果实近成熟期和贮藏前期的重要病害；主要表现在果实上，一般靠萼洼部发病重，靠果柄一端发病轻。初期果实表皮下产生褐色病变，病部颜色较深，在红色品种上为暗紫红色，在绿色或黄色品种上为深绿色，在青色品种上形成灰褐色斑。后期病斑逐渐变圆稍凹陷，斑下果肉坏死干缩呈海绵状，呈许多直径为 2～5 毫米的褐色斑点，半圆或圆锥状深入果肉内部，味苦，有时数个小斑连接成不规则大斑。

②发病规律。主要是苹果缺钙引起的生理病害。果实中钙的吸收总量，花后 5 周不再增加。此后随着果实的生长和膨大，果实中钙的浓度降低，从而引起苹果苦痘病的发生。苦痘病的发生与叶片、果实的钙化有关。果园土壤有机质含量高，碳氮比高，发病轻；沙地、低洼地发病重。前期土壤干旱，后期大量灌水均会降低果内钙含量，加重病情。偏施速效氮肥，特别是生长后期偏施氮肥，病情加重。幼果期和采收前大量或频繁降雨会导致病情加重。有些地区土壤并不缺钙，但如果土壤内铵态氮积累时，叶中的钙不

能顺利转移到果实，易引起苦痘病发生。

③防治方法。建园选用抗病品种和砧木，对发病严重的品种，采用高接抗病品种的方法来减轻危害。改良土壤，增施有机肥，适时适量施用氮肥，控制后期施氮；保持树势中庸，可提高树体的抗病能力；合理负载，适时采收；合理修剪，早春注意浇水，雨季及时排水。叶面、果实喷钙。可喷洒氨基酸钙，果树生长期叶片喷施 2～4 次，在谢花后 3～6 周内喷 2 次，果实采收前 3～6 周内喷施 2 次。喷施浓度前期 400～500 倍液，中后期 300 倍液。气温较高时易发生药害，喷洒前最好试喷。果实采收后立即用 4％氯化钙浸果 24 小时，或喷洒 1％～6％的硝酸钙等，贮藏期库内温度控制在 0～2℃，并保持良好的通透性，可减轻苦痘病的发生。

（4）霉心病

①危害特点。主要危害苹果果实，造成果实近成熟期心室发霉或从果心向外逐渐腐烂，严重的病果摘袋时果肉已大部分腐烂。该病在元帅系品种上发生较重，每年均需药剂防治；而富士系品种近几年发病率有所上升。

②发病规律。由多种弱寄生真菌引起，主要病菌有粉红单端孢、链格孢霉、头孢霉等。这些病菌在自然界广泛存在，只有通过药剂防治才能获得较好的防治效果。苹果霉心病病菌在花期通过柱头侵染，然后逐渐向心室内扩散蔓延，到达心室后在心室内引起发霉或突破心室壁导致果肉腐烂，严重时使果肉从内向外烂透，甚至造成果实大部分腐烂。

③防治方法。加强田园管理，剪除枯死枝、病僵果，清除落地果，合理修剪，使树冠通风透光。贮藏期间应加强管理，经常检查，以减少损失。药剂防治的关键是在盛花期至盛花末期喷施 1 次安全有效的药剂。药剂可选用 70％甲基硫菌灵可湿性粉剂 800 倍液或 50％多菌灵可湿性粉剂 600 倍液、50％异菌脲可湿性粉剂 1 000～1 500 倍液、80％代森锰锌可湿性粉剂 800 倍液、25％三唑酮可湿性粉剂 1 000～1 500 倍液。

（5）黑点病

①危害特点。发病初期，果实萼洼周围出现针尖状小黑点，随着果实的增长，黑点逐渐扩大；病斑仅发生在果实表面，无味，不会引起果肉溃烂，贮藏期间也不扩展、蔓延。

②发生规律。诱发套袋苹果黑点病的病原菌是粉红单端孢。苹果谢花 30 天后，幼果上就潜带有大量病原菌；自未喷施过杀菌剂的果园内摘取苹果幼果，在 20～30℃、100％的相对湿度条件下保湿培养 3 天可以诱发黑点病斑；在 2 周时间内，保湿培养的时间越长，诱发的黑点病斑数量越多；黑点病菌侵入果肉组织后能诱发寄主细胞木栓化，木栓化细胞进一步阻止了病菌的生长与扩展；5 月下旬采摘的幼果可诱发产生黑点病斑，但病斑较小；7 月上旬苹果果实对黑点病菌最敏感，保湿后诱发的病斑数量最多，形成的病斑大；进入 8 月，果实的抗病性明显增强；杀菌剂能有效抑制黑点病斑的形成，降低果实发病率，但不能完全阻止黑点病斑的形成。黑点病的发生与纸袋质量、果园通透性和气候条件等有关。纸袋通风放水孔不规范或果园郁闭，或雨水过多的年份易发生。

③防治方法。首先应选择规范果实袋，改良制袋材料和工艺，改善果实袋的透气状况，增加透气性；其次，对通风透光差的果园应进行合理修剪，疏除过密的层间枝、直立枝、重叠枝、徒长枝、交叉枝、过旺过密的梢头竞争枝，彻底改变树冠的通风透光条件，这是雨季黑点病能否再发生的关键措施。苹果果实套袋前，喷施杀菌剂降低果实的带菌量是防治黑点病的重要措施。

（6）康氏粉蚧

①危害特点。属刺吸式害虫，以成虫和幼虫吸食幼芽、嫩枝、叶片和果实的汁液，前期果实被害后会出现畸形。套袋果受害，萼洼处较重，梗洼较轻，其次是果面，果实被害后形成大小不等的黑斑，其上附着白色粉状物。

②形态特征。雌成虫体长 3～5 毫米，扁平，椭圆形，体粉红色，表面被有白色蜡质物，体缘具 17 对白色蜡丝；雄成虫，体长约 1 毫米，呈紫褐色；翅 1 对，透明，后翅退化成平衡棒；卵呈椭

圆形，浅橙色，长约 0.3 毫米，数十粒集中成块，上附着白色蜡粉，形成白絮状卵囊；若虫，淡黄色，形成雌成虫；蛹，雄虫有蛹期，浅紫色。

③发生规律。主要以卵，少数以若虫、成虫在树干、剪锯口、枝条粗皮缝隙或土壤缝隙中越冬。春季果树发芽时，越冬卵孵化，第一代、第二代、第三代若虫发生盛期分别为 5 月中旬、7 月中下旬和 8 月下旬，这 3 个时期是药剂防治的有利时期。套袋苹果园康氏粉蚧第 1 代若虫主要在枝条粗皮缝隙和幼嫩组织处发生，在果实上危害较少；第二代、第三代若虫以危害果实为主，通过袋口进入，停留在萼洼、梗洼处刺吸果实汁液，受害果实果面形成大小不规则的斑点，刺吸孔清晰可见，孔周围多出现红褐色晕圈。

④防治方法。冬春季刮树皮，集中烧毁，或在晚秋雌成虫产卵之前结合防治其他潜伏在枝干越冬的害虫，进行束草等物诱杀，翌春孵化前将草束等物取下烧毁。早春喷施轻柴油乳剂，或 3～5 波美度石硫合剂，在各代若虫孵化期特别是套袋前，喷布 50％杀螟松乳油 800～1 000 倍液、20％氰戊菊酯乳油 2 500 倍液，有良好效果。康氏粉蚧天敌种类较多，如草蛉、瓢虫等，在防治上应考虑少用或不用广谱性杀虫药剂，尽可能选用对天敌杀伤作用较小的选择性药剂。

（7）绣线菊蚜

①危害特点。又名苹果黄蚜，主要危害新梢嫩叶，被害叶向叶背弯曲横卷，影响新梢的生长发育，对苹果幼树影响较大。

②发生规律。1 年发生 10 余代，以卵在寄主枝条芽基部越冬，少数在树皮裂缝等处越冬。翌年 4 月初，苹果芽萌动后越冬卵孵化，孵出的若蚜集中到芽和新梢嫩叶上危害。5—6 月产生有翅蚜，转梢危害。10—11 月产生有性蚜，交尾后产卵越冬。绣线菊蚜的天敌种类较多，主要有瓢虫、草蛉、食蚜蝇、蚜茧蝇、蚜小蜂等。麦收后，麦田蚜虫天敌转移到果树上，对绣线菊蚜有较好的控制作用。

③防治方法。苹果萌芽前后，彻底刮除老皮，剪除有蚜枝条，

集中烧毁，消灭越冬虫源。发芽前结合防治其他害虫可喷 95％蚧螨灵 80～100 倍液，杀死越冬蚜虫。绣线菊蚜的天敌有草蛉、瓢虫等数十种，要注意保护利用天敌。生长期药剂防治，5—6 月是蚜虫猖獗危害期，亦是防治的关键期。常用药剂及浓度：10％吡虫啉可湿性粉剂 3 000 倍液，20％氰戊菊酯乳油 2 500 倍液，3％啶虫脒乳油 2 500 倍液等。结合夏剪，及时剪除被害枝条，集中烧毁。

（8）桃小食心虫

①危害特点。主要危害苹果、梨、桃、山楂等果树。桃小食心虫危害苹果树，幼虫蛀果后 2 天左右，果面上流出透明的水珠状果胶，俗称"流眼泪"，随之胶汁即变白干硬，幼虫蛀入果后，果肉被食成中空，虫粪满果，形成"豆沙馅"，早期危害影响果实生长，果面凹凸不平，俗称"猴头果"。

②发生规律。1 年发生 1～2 代，以老熟幼虫做扁圆形冬茧越冬，越冬茧主要分布在根颈、冠下、包装场所，以树干基部为最多。越冬幼虫麦收前后，当土壤含水量达 8％～10％，5 厘米以下地温在 18～22℃，气温在 19℃以上，1～2 天内就可破茧出土。出土盛期一般在 6 月中下旬。一般从出土开始到结束需 2 个月，出土幼虫做茧化蛹需 8～9 天，出土 16～18 天后成虫出现。6 月末、7 月初为第一代卵盛期，这一代成虫产卵对苹果的品种有选择，金冠着卵量最多，富士着卵量少；第二代卵期在 8 月上中旬至 9 月初。

③防治方法。越冬幼虫出土初盛期和盛期，地面及时撒药，用 3％～5％辛硫磷颗粒剂，每亩 3 千克左右，或于树冠下喷洒 50％辛硫磷 200 倍液，或 50％地亚农乳剂 400～500 倍液，隔 15～20 天再喷洒 1 次。销完果品后，应及时清理堆果场地，果品库房，于 5 月中下旬喷洒辛硫磷，以杀灭脱果入土越冬幼虫；在第一代幼虫危害期，及时摘除被害果及拣拾落地虫果，集中销毁。在桃小食心虫出土前，在根颈周围压土或覆盖地膜，可阻隔桃小食心虫越冬幼虫出土。当卵果率达 1％以上时，进行树上药剂防治。常用药剂有 20％灭扫利 2 500 倍液，或 2.5％溴氰菊酯 3 000 倍液，或 20％氰戊菊酯乳油 3 000 倍液，或 48％毒死蜱乳油 1 000～1 500 倍液，

25％灭幼脲 1 500～2 000 倍液。

主要参考文献

陈学森，郝玉金，杨洪强，等，2010. 我国苹果产业优质高效发展的 10 项关键技术 ［J］. 中国果树（4）：65-67.

吕德国，2019. 果园生草制是中国苹果产业转型升级的重要途径 ［J］. 落叶果树，51（3）：1-4.

马宝焜，杜国强，张学英，2010. 图解苹果整形修剪 ［M］. 北京：中国农业出版社.

聂佩显，路超，薛晓敏，等，2012. 苹果矮化中间砧苗木繁育技术 ［J］. 安徽农学通报，18（23）：86-87.

束怀瑞，1999. 苹果学 ［M］. 北京：中国农业出版社.

王金政，薛晓敏，王来平，2014. 苹果矮砧集约栽培的高光效树形及整形修剪技术 ［J］. 落叶果树，46（1）：35-37.

二、梨

（一）现代建园新技术

1. 对环境条件的要求

（1）温度　梨树在我国分布很广，但不同种的梨，对温度要求不同。秋子梨最耐寒，可耐−35～−30℃低温，白梨系统可耐−25～−23℃低温，砂梨及西洋梨可耐−20℃左右。不同的品种亦有差异，如日本梨中的明月可耐−28℃低温，比同种梨耐寒。我国秋子梨系统产区生长季节（4—10月）平均气温为14.7～18.0℃，休眠期平均气温为−13.3～−4.9℃；白梨和西洋梨系统产区生长季节平均气温为18.1～22.2℃，休眠期平均气温为−3.0～3.5℃；砂梨系统产区生长季节平均气温为15.8～26.9℃，休眠期平均气温为5～17℃；秋子梨、白梨和西洋梨喜冷凉气候，大多宜在北方栽培。白梨适应范围较广，西洋梨适应性较差。不宜温度过高，高温达35℃以上时，梨树生理即受障碍，因此白梨、西洋梨在年平均温度大于15℃地区不宜栽培，秋子梨在年均温大于13℃地区不宜栽培。梨树的需寒期，一般为<7.2℃的时数1 400小时，但树种品种间差异很大，鸭梨、茌梨需469小时，库尔勒香梨需1 371小时，秋子梨的小香水高达1 635小时，砂梨最短，有的甚至无明显的休眠期。

梨树一年当中，生长发育与气温变化的密切关系表现在物候期。梨树日均气温达到5℃时，花芽萌动，开花要求10℃以上的气温，14℃以上时开花较快。梨花粉发芽要求10℃以上的气温，

24℃左右时花粉管伸长最快，4～5℃时花粉管即受冻。West Edifen 认为花蕾期冻害危险温度为－2.2℃，开花期为－1.7℃。有人认为－3～－1℃花器就遭受不同程度的伤害。枝叶旺盛生长要求大于 15℃以上的日均气温。梨的花芽分化，以日均气温 20℃以上为好。

温度对梨果实成熟期及品质有重要影响，一般果实在成熟过程中，昼夜温差大，夜温较低，有利于同化作用，有利于着色和糖分积累，果实品质优良。我国西北高原、南疆地区夏季昼夜温差多在10～14℃，自东部引进的品种品质均比原产地好。

（2）光照　梨树是喜光性果树，对光照要求较高。一般需要年日照时数在 1 600～1 700 小时，光合作用随光照强度的增强而增加。据研究，水肥条件较好的情况下，阳光充足梨树叶片可增厚，光合产物增多，果实的产量和质量均得到提高。树高在 4 米时，树冠下部及内膛光照较好，有效光合面积较大，但上部阳光很充足，亦未表现出特殊优异，这可能与光过剩和枝龄较幼有关。树冠下层的叶，对光量增加反应迟钝，光合补偿点低（200 勒克斯以下）；树冠上层的叶，对低光反应敏感，光合补偿点高（约 800 勒克斯）。下层最隐蔽区，虽光量增加，但光合效能却不高，因光饱和点亦低，这与散射、反射等光谱成分不完全有关。一般以一天内有 3 小时以上的直射光为好。据日本对二十世纪梨研究，相对光量愈低，果实色泽愈差，含糖量也愈低；短果枝上及花芽的糖与淀粉含量也相应下降，果实小，即使翌年气候条件较好，果实的膨大也明显变差；受光量为自然光量的 50％以下时，果实品质即明显下降，20％～40％时即很差。树冠从外到内光量递减，内层光照最弱，果个小，质量差，为非生产区。果实产量和质量最好的受光量是自然光量的 60％以上，树冠中外层区间，受光最适宜，叶片光合产物增多，是生产优质梨的主要着生部位。梨树通风透光，花芽分化良好，坐果率高，果个大，含糖量高，维生素 C 含量增加，酸度降低，品质优良，并有利于着色品种的着色；另外，光照充足还能使梨果皮蜡质发达和角质层增厚，果面具光泽，梨果的贮藏性能增强。

（3）水分 梨树喜水耐湿，需水量较多。梨形成 1 克干物质，需水量为 353～564 毫升，但树种和品种间有区别，西洋梨、秋子梨等较耐干旱，砂梨需水量最多，如砂梨形成 1 克干物质需水量约为 468 毫升，在年降水量 1 000～1 800 毫米地区，仍生长良好。而抗旱的西洋梨形成 1 克干物质需水量仅为 284～354 毫升。白梨、西洋梨主要产在降水量 500～900 毫米的地区，秋子梨最耐旱、对水分不敏感。从日出到中午，叶片蒸腾速率超过水分吸收速率，尤其是在雨季的晴天。从午后到夜间吸收速率超过蒸腾速率时，则水分逆境程度减轻，水分吸收率和蒸腾率的比值 8 月下旬比 7 月上旬和 8 月上旬要大些。午间的吸收停滞，巴梨表现最明显。在干旱状况下，白天梨果收缩发生皱皮，如夜间能吸水补足，则可恢复或增长，否则果小或始终皱皮。如久旱遇雨，可恢复肥大直至发生角质明显龟裂。

一年中梨树的各物候期对水分的要求也不相同。一般而言，早春树液开始流动，根系即需要一定的水分供应，此期水分供应不足常造成延迟萌芽和开花。花期水分供应不足引起落花落果。新梢旺盛生长期缺水，新梢和叶片生长衰弱，过早停长，并影响果实发育和花芽分化，此期常被称为需水临界期。6 月至 7 月上旬梨树进入花芽分化期，需水量相对减少，如果水分过多，则推迟花芽分化，亦引起新梢旺长。果实采收前要控制灌水，以免影响梨果品质和贮藏性。

梨比较耐涝，但土壤水分过多，会抑制根系正常的呼吸，在高温静水中浸泡 1～2 天即死树；在低氧水中，9 天发生凋萎；在较高氧水中 11 天凋萎；在浅流水中 20 天亦不凋萎。在地下水位高、排水不良、空隙率小的黏土壤中，根系生长不良。久雨、久旱都对梨生长不利，要及时灌水和排涝。

（4）土壤 梨树对土壤条件要求不很严格，适应范围较广。沙土、壤土、黏土都可栽培，但仍以土层深厚、土质疏松、地下水位较低、排水良好的沙壤土结果质量为最好。我国著名梨区，大都是冲积沙地，或保水良好的山地，或土层深厚的黄土高原。但渤海湾地区、江南地区普遍易缺磷，黄土高原华北地区易缺铁、锌、钙，西南高原、华中地区易缺硼。梨适宜中性土壤，但要求不严，pH 5.8～8.5均可生长良好。不同砧木对土壤的适应力不同，砂梨、豆梨较耐酸性土壤，在pH 5.4时亦能正常生长；杜梨可以适应偏碱性土壤，在pH 8.3～8.5亦能正常生长结果。梨亦较耐盐，一般含盐量不超过0.25%的土壤均能正常生长，而在含盐量超过0.3%时，即受害。杜梨比砂梨、豆梨耐盐力强。

（5）其他　微风与和风有利于梨树的正常生长发育，风速过大，风势过强，超过梨树的忍耐程度，就会造成风害。早春大风加重幼树抽条，大风损伤树体、花器和造成落果等。

冰雹是北方主要自然灾害之一，特别是山区常受其害，冰雹对梨树造成的危害相当大，因此，在建园时要重点考虑防风因素。

2. 园地选择与建园技术

（1）园地选择　梨树比较耐旱、耐涝和耐盐碱，对土壤条件要求不严，在沙地、滩地、丘陵山区以及盐碱地和微酸性土壤上都能生长，但以在土层深厚、质地疏松、透气性好的肥沃沙壤土上栽植的梨树比较丰产、优质。

一般而言，平原地要求土地平整、土层深厚肥沃；山地要求土层深度50厘米以上，坡度在5°～10°；坡度越大，水土流失越严重，不利于梨树的生长发育，北方梨园适宜在山坡的中、下部栽植。而梨树对坡向要求不很严格；盐碱地土壤栽植梨树要求含盐量不高于0.3%，若含盐量高，需经过洗碱排盐或排涝改良后栽植；沙滩地要求地下水位在1.8米以下。

（2）园地规划　园地规划主要包括水利系统的配置、栽培小区的划分、防护林的设置以及道路、房屋的建设等。

①小区设计。为了便于管理，可根据地形、地势以及土地面积确定栽植小区。大型梨园需划分若干小区。平地梨园小区的面积一般以50～100亩为宜，主栽品种2～3个，为长方形。山地和丘陵地可以一面坡或一个山丘为一个小区，其面积因地而宜，长边沿等高线延伸，以利于水土保持工程施工和操作管理。

②道路规划。分为干路、支路和小路三级。干路建在大区区界，贯穿全园，外接公路，内联支路，宽6～8米。支路设在小区区界，与干路垂直相通，宽4米左右。小路为小区内管理作业道，一般宽2米左右。平地果园的道路系统，宜与排灌系统、防护林带相结合设置。山地果园的作业路应沿坡修筑，小路可顺坡修筑，多修在分水线上。小型果园可以不设干路与小路，只设支路即可。

③水是建立梨园首先要考虑的问题。要根据水源条件设置好水利系统。有水源的地方要合理利用，节约用水；无水源的地方要设法引水入园，拦蓄雨水，做到能排能灌，并尽量少占土地面积。

④栽植防护林。防护林能够降低风速、防风固沙、调节温度与湿度、保持水土，从而改善生态环境，保护果树的正常生长发育。因此，建立梨园要搞好防风林的建设工作。一般每隔200米左右设置一条主林带，方向与主风向垂直，宽度20～30米，株距1～2米，行距2～3米；在与主林带垂直的方向，每隔400～500米设置一条副林带，宽度5米左右。小面积的梨园可以仅在外围迎风面设一条3～5米宽的林带。

⑤辅助设施。辅助建筑物，主要包括果园管理用房、工具和机械用房、农药和肥料仓库、果品包装场和冷库等一般建筑物，应设置在交替方便和有利于作业的地方。

（3）配置授粉树　大多数的梨品种不能自花结果，或者自花坐果率很低，生产中必须配置适宜的授粉树。授粉品种必须具备如下条件：

①与主栽品种花期一致。

②花量大，花粉多，与主栽品种授粉亲和力强。

③最好能与主栽品种互相授粉。

④本身具有较高的经济价值。

一个果园内以配置两个授粉品种为宜，以防止授粉品种出现小年时花量不足。主栽品种与授粉树比例一般为（4～5）∶1，定植时将授粉树栽在行中，每隔4～5株主栽品种定植1株授粉树；或4～5行主栽品种定植1行授粉品种。

（4）密植栽培技术 梨树栽培上经历了由稀植转向密植、粗放管理到精细管理、低产到高产、低品质到高品质的发展过程，并且正在向集约化、矮化密植和无公害的方向发展。近些年来，梨树密植栽培和棚架栽培发展很快，已成为当前梨树生产发展的大趋势。

①栽植密度。栽植密度要根据品种类型、立地条件、整形方式和管理水平来确定。一般长势强旺、分枝多、树冠大的品种，如白梨系的品种，密度要稍小一些，株距4～5米，行距5～6米，每公顷栽植333～500株；长势偏弱、树冠较小的品种要适当密植，株距3～4米，行距4～5米，每公顷栽植500～833株；晚三吉、幸水、丰水等日本梨品种树冠很小，可以更密一些，株距2～3米，行距3～4米，每公顷栽植833～1 666株。在土层深厚、有机质丰富、水浇条件好的土壤上，栽植密度要稍小一些；而在山坡地、沙地等瘠薄土壤上应适当密植。最少亩栽22株，最多为亩栽296株。树形也由过去的大冠疏层形、自然圆头形逐渐发展为改良分层形、二层开心形、V形、纺锤形、柱形等。

②栽植方式。应遵循经济利用土地和光能，便于操作和梨园管理的原则，结合当地梨园自然环境条件来确定。常用栽植方式有：长方形栽植、带状栽植和等高栽植等。

长方形栽植是梨树栽培中应用最广泛的一种方式。其特点是行距大于株距，株行距通常为（1.0～3.0）米×（3～5）米等，通风透光好，便于行间作业和机械化管理。

带状栽植是一般双行为一带，这种方式能增加单位面积株数，适于高密度栽培。但带内管理不便，郁闭较早，后期树冠较难控制。

等高栽植适用于山地和坡地果园，沿等高水平梯田栽植，有利于水土保持和管理。

③栽植行向。平地长方形栽植的果园，南北行向优于东西行向，尤其在密植条件下，南北行向光照好，光能利用率高，光照均匀。东西行向上下午太阳光入射角低，顺行穿透力差；中午南面光照过量，易发生日灼，北面光照不足，在平地建立梨园时，一般提

倡采用南北行向。

④栽植时期。梨树一般从苗木落叶后至第二年发芽前均可定植。具体时期要根据当地的气候条件来决定。冬季没有严寒的地区，适宜采用秋栽。落叶后尽早栽植，有利于根系的恢复，成活率较高，翌年萌发后能迅速生长。华北地区秋栽时间一般在 10 月下旬至 11 月上旬。在冬季寒冷、干旱或风沙较大的地区，秋栽容易发生抽条和干旱，因而最好在春季栽植，一般在土壤解冻后至发芽前进行栽植。

⑤挖定植穴或壕。定植前首先按照计划密度确定好定植穴的位置，挖好定植穴。定植穴的长、宽和深度均要达到 1.0 米左右，山地土层较浅，也要达到 60 厘米以上。栽植密度较大时，可以挖深、宽各 1.0 米的定植壕。我国农业行业标准《梨生产技术规程》（NY/T 442—2001）规定：按行株距挖深宽 0.8～1.0 米的栽植穴（沟），穴（沟）底填厚 30 厘米左右的作物秸秆。将挖出的表土与足量的有机肥、磷肥、钾肥混匀，然后回填沟中。待填至低于地面 20 厘米后，灌水浇透，使土沉实，然后覆上一层表土保墒。基肥以有机肥料为主。每株应施优质有机肥 50～100 千克，如猪粪、牛粪等，并在有机肥中混入磷肥 1～2 千克或混入饼肥 2～3 千克和磷酸二铵 0.5 千克。

⑥苗木的准备。在栽植前，核对品种和苗木分级，剔除劣质苗木，经长途运输的苗木，应解绑并浸根 1 昼夜，待充分吸水后再定植。

⑦栽植方法。按照株行距确定栽植穴位置，挖定植小穴（30 厘米×30 厘米×30 厘米）。然后，将苗木放入穴中央，砧桩背风，摆正扶直，使根系舒展，一边填土，一边慢慢向上提苗，最后填土踏实，并埋成 30 厘米高的土堆，浇一次透水。

栽植深度以苗木在苗圃栽植时的土印与地面相平为宜。土质黏重时可略浅，风蚀严重地区可略深。但是无论如何，填土均不可超过嫁接口。栽植过深时缓苗慢。

定植时，要在灌水后立即覆盖地膜，以提高地温，保持土壤墒情，促进根系活动。秋季栽植后要于苗木基部埋土堆防寒，苗干可以套塑料袋以保持水分，到春季去除防寒土后再浇水覆盖地膜。

（5）栽植后的管理

①定干与刻芽。栽后应立即定干，以减少水分蒸发，防止"抽条"，同时防止苗木随风摇动，影响根系生长和成活率。定干高度为80厘米左右。定干后，在发芽前对剪口下第三芽至第五芽，在芽上方0.5厘米处刻伤，促发长枝。

②去萌蘖。苗木发芽后，及时抹除距地面50厘米以下的萌芽，以利于新梢生长和树冠扩大。

③及时补水保墒。栽后树盘覆盖地膜，以保持良好的土壤墒情，提高成活率和当年的生长量。未覆盖而堆土的，成活后应及时扒开土堆提高地温。旱情严重的地区或年份，需等到雨季再扒开土堆，以利于保墒。有灌溉水源的，土壤干旱时应及时浇水和松土。

④补栽。缺株应于雨季带土移栽补齐，栽后灌水。

⑤树盘与追肥。栽植后，应留出直径为1.5～2.0米的树盘，行内间作作物应以豆类等矮秆作物为主。每次灌水或雨后应及时松土除草，以保持树盘土松草净。6月上中旬，要施1次速效性氮肥，每株施尿素或磷酸二铵100克左右。7月下旬以后，以追施磷、钾肥为主，以促进枝条成熟。追肥后应及时浇水。叶面喷肥是幼树生长期的主要补肥形式之一，前期以喷施0.3%尿素液为主，后期以喷施0.3%～0.5%磷酸二氢钾液为主，全年叶面喷肥4～5次。

⑥病虫害防治。易发生金龟子和大灰象甲的年份和地块，苗木发芽后要严防其啃食嫩芽。在生长期，要注意刺蛾、天幕毛虫、舟形毛虫、梨茎蜂、蚜虫及其他病虫害的发生和防治。

（二）提质增效花果管理技术

1. 人工授粉

人工授粉是指把授粉品种的花粉传递到主栽品种花的柱头上，是最有效、最可靠的方法。该法不仅可以提高坐果率，而且果实发育好，果个大，可提高产量与品质。

（1）采花　在主栽品种开花前 2～3 天，选择适宜的授粉品种，采集含苞待放的铃铛花。此时花药已经成熟，发芽率高，花瓣尚未张开，操作方便，出粉量大。采集的花朵放在干净的小篮中，也可用布兜盛装，带回室内取粉。花朵要随采随用。

采集花朵时要根据授粉面积和授粉品种的花朵出粉率来确定适宜的采花量。梨树不同品种的花朵出粉率有很大差别。山东昌潍农校研究测定了 19 个梨品种的鲜花出粉率，其中以雪花梨出粉量最大，每 100 朵鲜花可出干花粉 0.845 克（带干的花药壳），晚三吉最低，尚不足雪花梨的一半。按出粉量的多少进行排列，出粉多的品种有雪花梨、黄县长把梨、博山池梨、金花梨等；出粉量少的品种有巴梨、黄花梨、晚三吉梨和伏茄梨等；而杭青梨、栖霞大香水梨、砀山酥梨、早酥梨和鸭梨等出粉量居中。总之，白梨系统的品种花朵出粉率较高，新疆梨、秋子梨和杂种梨品种花朵出粉率较低，而砂梨系统的品种居中。

（2）取粉　鲜花采回后立即取花药。在桌面上铺一张光滑的纸，两手各拿一朵花，花心相对，轻轻揉搓，使花药脱落，接在纸上，然后去除花瓣和花丝等杂物，准备取粉。也可利用打花机将花擦碎，再筛出花药，一般每千克梨树鲜花可采鲜花药 130～150 克，干燥后出带花药壳的干花粉 30～40 克。生产经验表明，15 克带花药壳的干花粉（或 5 克纯花粉）可供生产 3 000 千克梨果的花朵授粉。取粉方法如下：

一是阴干取粉，也称为晾粉。将鲜花药均匀地摊在光滑干净的纸上，在通风良好、室温 20～25℃、湿度 50％～70％的房间内阴干，避免阳光直射，每天翻动 2～3 次，一般经过 1～2 天花药即可自行开裂，散出黄色的花粉。

二是火炕增温取粉。在火炕上面铺上厚纸板等，然后放上光滑洁净的纸，将花药均匀地摊在上面，并放上一只温度计，保持温度在 20～25℃，一般 24 小时左右即可散粉。

三是温箱取粉。找一个纸箱或木箱，在箱底铺一张光洁的纸，摊上花粉，放上温度计，上方悬挂一个 60～100 瓦的灯泡，调整灯泡高度，使箱底温度保持在 20～25℃，一般经 24 小时左右即可散出花粉。

干燥好的花粉连同花药壳一起收集在干燥的玻璃瓶中，放在阴凉干燥处备用。保存于干燥容器内，并在 2～8℃ 的低温黑暗环境中。

（3）授粉 梨花开放当天或次日授粉坐果率最高，因此，要在有 25% 的花开放时抓紧时间开始授粉，花朵坐果率在 80%～90%；4～5 天后授粉，坐果率为 30%～50%；而开花以后 6 天再授粉，坐果率不足 15%。授粉要在上午 9 时至下午 4 时之间进行，上午 9 时之前露水未干，不宜授粉。要注意分期授粉，一般整个花期授粉 2～3 次效果比较好。

授粉方法是用旧报纸卷成铅笔粗细的硬纸棒，一端磨细成削好的铅笔样，用来蘸取花粉。也可以用毛笔或橡皮头蘸取花粉。花粉装在干燥洁净的玻璃小瓶内，授粉时将蘸有花粉的纸棒向初开的花心轻轻一点即可。一次蘸粉可以点授 3～5 朵花。一般每花序授 1～2 朵边花，优选粗壮的短果枝花授粉。剩余的花粉如果结块，可带回室内晾干散开再用。人工点授可以使坐果率达到 90% 以上，并且果实大小均匀，品质好。

注意为保持花粉良好的生活力，制粉过程中要注意防止高温伤害，避免阳光直射，干好的花粉要放在阴凉干燥处保存；天气不良时，要突击点授，加大授粉量和授粉次数，以提高授粉效果。

2. 果园放蜂

果园花期放蜜蜂可以大大提高授粉功效，同时可以避免人工授粉对时间掌握不准、对树梢及内腔操作不便等弊端，是一种省时、省力、经济、高效的授粉方法。

果园放蜂要在开花前 2～3 天将蜂箱放入果园，使蜜蜂熟悉果园环境。一般每箱蜂可以满足 1 公顷果园授粉。蜂箱要放在果园中心地带，使蜂群均匀地散飞在果园中。注意花前及花期不要喷用农药，以免引起蜜蜂中毒，造成损失。

3. 加强梨园管理

增加树体贮备营养，改善花器官的发育状况，调节花、果与新梢生长的关系，是提高坐果率的根本途径。梨树花量大，花期集中，萌芽、展叶、开花、坐果需要消耗大量的贮备营养。萌芽前及时灌水，并追施速效氮肥，补充前期对氮素的消耗。同时应重视后期管理，早施基肥；保护叶片，延长叶片功能期；改善树体光照条件，促进光合作用，从而提高树体贮备营养水平。同时通过修剪去除密挤、细弱枝条，控制花芽数量，集中营养，保证供应，以满足果实生长发育及花芽分化的需要。

4. 花期喷布微肥或激素

在30%左右的梨花开放时，喷布0.3%的硼砂，可有效地促进花粉粒的萌发；喷1%～2%的糖水，可引诱蜜蜂等昆虫，提高授粉效率；喷布0.3%的尿素，可以提高树体的光合效能，增加养分供应。另外，据莱阳农学院试验，花期喷布0.002%的赤霉素或100～200倍食醋，对提高茌梨坐果率有较好的效果。

5. 疏花疏果与合理负载

（1）留果标准　适宜的留果量，既要保证当年产量，又不能影响下一年的花量；既要充分发挥生产潜力，又能使树体有一定的营养贮备。因此，留花留果的标准应根据品种、树龄、管理水平及品质要求来确定。

一般有以下几种方法：

①根据干截面积确定留花留果量。树体的负载能力与其树干粗度密切相关。树干越粗表明地上、地下物质交换量越多，可承担的产量也越高。山东农业大学研究表明，梨树每平方厘米干截面积负担4个梨果，不仅能够实现丰产稳产，还能够保持树体健壮。按干截面积确定梨树的适宜留花、留果量的公式为：

$$Y = 4 \times 0.08C^2 \times A$$

其中，Y 为单株合理留花、果数量（个）；C 为树干距地面20厘米处的干周（厘米）；A 为保险系数，以花定果时取1.20，即多保留20%的花量，疏果时取1.05，即多保留5%的幼果。使用时，只要量出距地面 20 厘米处的干周，带入公式即可计算出该单株适宜的留花、留果个数。如某株梨树干周为 40 厘米，其合理的留花量＝4×0.08×40²×1.20＝614.4≈614（个），合理留果量＝4×0.08×40²×1.05＝537.6≈538（个）。

②依主枝截面积确定留花留果量。依主干截面积确定留花留果量，在幼树上容易做到。但在成龄大树上，总负载量如何在各主枝上均衡分配难以掌握。为此，可以根据大枝或结果枝组的枝轴粗度确定负载量。计算公式与上述相同。

③间距疏果法。按果实之间彼此间隔的距离大小确定留花留果量，是一种经验方法，应用比较方便。一般中型果品种如鸭梨、香水梨和黄县长把梨等品种的留果间距为 20～25 厘米，大型果品种间距适当加大，小型果品种可略小。

（2）疏花　疏花时间要尽量提前，一般在花序分离期即开始进行，至开花前完成。按照确定的负载量选留花序，多余花序全部疏除。疏花时要先上后下，先内后外，先去掉弱枝花、腋花及梢头花，多留短枝花。待开花时，再按每花序保留 2～3 朵发育良好的边花，疏除其他花朵。经常遭受晚霜危害的地区，要在晚霜过后再疏花。

（3）疏果　疏果也是越早越好，一般在花后 10 天开始，20 天内完成。一般品种每个花序保留 1 个果，花少的年份或旺树旺枝可以适当留双果，疏除多余幼果。树势过弱时适当早疏少留，过旺树适当晚疏多留。

如果前期疏花疏果时留果量过大，到后期明显看出负载过量时，要进行后期疏果。后期疏果虽然比早疏果效果差，但相对不疏果来讲，不仅不会降低产量，相反能够提高产量与品质，增加效益。

6. 果实套袋技术

（1）套袋前的管理　合理土肥水管理，养成丰产、稳产、中庸健壮树势，增强树体抗病性，整形修剪使梨园通风透光良好；进行疏花疏果、合理负载是套袋梨园的工作基础。为防止把危害果实的病虫害如轮纹病、黑星病、黄粉虫、康氏粉蚧套入袋内增加防治的难度，套袋前必须严格喷一遍杀虫、杀菌剂，这对于防治套袋后的果实病虫害十分关键。

用药种类主要针对危害果实的病虫害，同时注意选用不易产生药害的高效杀虫、杀菌剂。忌用油剂、乳剂和标有"F"的复合剂农药，慎用或不用波尔多液、无机硫剂、三唑福美类、硫酸锌、尿素及黄腐酸盐类等对果皮刺激性较强的农药及化肥。高效杀菌剂可选用单体50％甲基硫菌灵800倍液、单体70％甲基硫菌灵800倍液、10％的宝丽安1 500倍液、1.5％的多抗霉素400倍液、喷克800倍液、甲基硫菌灵＋大生M-45、多菌灵＋乙磷铝、甲基硫菌灵＋多抗霉素等药剂。杀虫剂可选用菊酯类农药。为减少打药次数和梨园用工，杀虫剂和杀菌剂宜混合喷施，如70％甲基硫菌灵800倍液＋灭多威1 000倍液，或12.5％烯唑醇可湿性粉剂2 500倍液＋25％溴氰菊酯乳油3 000倍液。

（2）果实袋种类　梨果袋的种类很多，按照果袋的层数可分为单层、双层两种。单层袋只有一层原纸，重量轻，有效防止风刮折断果柄，透光性相对较强，一般用于果皮颜色较浅、果点稀少且浅、不需着色的品种。双层纸袋有两层原纸，分内袋和外袋，遮光性能相对较强，用于果皮颜色较深以及红皮梨品种，防病的效果好于单层袋。按照果袋的大小有大袋和小袋之分。大袋规格为，宽140～170毫米，长170～200毫米，套袋后一直到果实采收；小袋亦称"防锈袋"，规格一般为60毫米×90毫米或90毫米×120毫米，套袋时期比大袋早，坐果后即可进行套袋，可有效防止果点和锈斑的发生，当幼果体积增大，而小袋空间容不下时即行解除（带捆扎丝小袋），带糨糊小袋不必解除，随果实膨大自行撑破纸袋而脱落。小袋在绝大多数情况下用防水胶粘合，套袋效率高。生产中也有小袋与大袋结合用的，先套一次小袋，然后再套大袋至果实采收。

若按涂布的杀虫、杀菌剂不同可分为防虫袋、杀菌袋及防虫杀菌袋3类。按袋口形状又可分为平口、凹形口及V形口3种，以套袋时便于捆扎、固定为原则。若按套用果实分类可分青皮梨果袋和赤梨果袋等，其他还有针对不同品种的果实袋以及着色袋、保洁袋、防鸟袋等。

（3）果实袋的选择　目前生产中纸袋种类繁多，梨品种资源丰富，各个栽培区气候条件千差万别，栽培技术水平各异。因此，纸袋种类选择的好坏直接影响到套袋的效果和套袋后的经济效益，应根据不同品种、不同气候条件、不同套袋目的及经济条件等选择适宜的纸袋种类。对于一个新袋种的出现应该先做局部试验，确定没有问题后再推广应用。

梨的皮色主要有绿色、褐色、红色 3 种，其中绿色又有黄绿色、绿黄色、翠绿色、浅绿色等；褐色有深褐色、绿褐色、黄褐色；红色有鲜红色、暗红色等。对于外观不甚美观的褐皮梨而言，套袋显得尤其重要。除皮色外，梨各栽培品种果点和锈斑的发生也不一样，如茌梨品种果点大而密，颜色深，果面粗糙，西洋梨则果点小而稀，颜色浅，果面较为光滑。因此，以鸭梨为代表的不需着色的绿色品种以套单层袋为宜，如石家庄果树研究所研制的 A 型和 B 型梨防虫单层袋应用于鸭梨效果较好，但对于不同品种和地区应先试用再推广，如雪花梨在夏季高温多雨、果园湿度大的地区套袋易生水锈，茌梨和日本梨的某些品种也易发生水锈。对于果点大而密的茌梨、锦丰梨宜选用遮光性强的纸袋。对日本梨品种而言，新水、丰水梨宜用涂布石蜡的牛皮纸单层袋，幸水梨宜用内层为绿色、外层为外白里黑的纸袋，新兴、新高、晚三吉等品种宜用内层为红色的双层袋。对于易感轮纹病的西洋梨宜选用双层袋，可比单层袋更好地起到防治轮纹病的效果。

（4）套袋操作方法

①大袋套袋方法。为提高套袋效率，操作者可在胸前挂一围袋放入果袋，使果袋伸手可及。取一叠果袋，袋口朝向手臂一端，有袋切口的一面朝向左手掌，用无名指和小指按住，使拇指、食指和中指能够自由活动。用右手拇指和食指捏住袋口一端，横向取下一枚果袋，捻开袋口，一手托袋底，另一只手伸进袋内撑开袋体，捏一下袋底两角，使两底角的通气放水口张开，并使整个袋体鼓起。

一手执果柄，一手执果袋，从下往上把果实套入袋内，使果柄置于袋口中间切口处、果实位于袋内中部。从袋口中间果柄处向两侧纵向折叠，把袋口叠折到果柄处，于丝口上方撕开，将捆扎丝反转90°，沿袋口旋转一周，于果柄上方 2/3 处扎紧袋口。然后托打一下袋底中部，使袋底两通气放水口张开，果袋处于直立下垂状态。

②小袋套袋方法。套小袋在落花后 1 周即可进行，落花后 15 天内必须套完，使幼果度过果点和果锈发生敏感期，待果实膨大后自行脱落或解除。由于套袋时间短，果实可利用其果皮叶绿素进行光合作用积累碳水化合物，因此套小袋的果实比套大袋的果实含糖量降低幅度小，同时套袋效率高、节省套袋费用，缺点是果皮不如套大袋的细嫩、光滑。梨套袋用小袋分带糨糊小袋和带捆扎丝小袋两种，后者套袋方法基本与大袋相同，仅介绍带糨糊小袋的套袋方法。

取一叠果袋，袋口向下，把带浆糊的一面朝向左手掌，用中指、无名指和小指握紧纸袋，使拇指和食指能自由活动。

袋口的开法：拇指和食指滑动，袋口即开，把果梗由带糨糊部位的一侧，将果实纳入袋中。

糨糊的贴法：用左手压住果柄，再用右手的拇指和食指把带糨糊的部分捏紧向右滑动，贴牢。

取下一个纸袋的方法：用右手拇指和食指握在袋的中央稍为向下的部分，横向取下一枚。

(5) **套袋时期与方法** 梨果点主要是由幼果期的气孔发育而来的，幼果茸毛脱落部位也形成果点。梨幼果跟叶片一样存在着气孔，能随环境条件（内部的和外部的）的变化而开闭，随幼果的发育、气孔的保卫细胞破裂形成孔洞，与此同时，孔洞内的细胞迅速分裂形成大量薄壁细胞填充孔洞，填充细胞逐渐木栓化并突出果面，形成外观上可见的果点。气孔皮孔化的时间一般从花后 10～15 天开始，最长可达 80～100 天，以花后 10～15 天后的幼果期最为集中。因此，要想抑制果点发展，获得外观美丽的果实，套袋时期应早一些，一般从落花后 10～20 天开始套袋，在 10 天左右时间内套完。

梨的不同品种套袋时期也有差异。果点大而密、颜色深的锦丰梨、茌梨落花后 1 周即可进行套袋，落花后 15 天套完；为有效防止果实轮纹病的发生，西洋梨的套袋也应尽早进行，一般落花后10～15 天即可进行套袋；京白梨、南果梨、库尔勒香梨、早酥梨等果点小、颜色淡的品种套袋时期可晚一些。

锈斑的发生是由于外部不良环境条件刺激造成表皮细胞老化坏死或内部生理原因造成表皮与果肉增大不一致而致表皮破损，表皮下的薄壁细胞经过细胞壁加厚和木栓化后，在角质、蜡质及表皮层破裂处露出果面形成锈斑。锈斑也可从果点部位及幼果茸毛脱落部位开始发生，而且幼果期表皮细胞对外界强光、强风、雨、药液等不良刺激敏感，为防止果面锈斑的发生应尽早套袋。适宜的套袋时期对梨外观品质的改善至关重要，套袋时期越早，套袋期越长，套袋果果面越洁净美观。

7. 花期防霜

尽管梨树休眠期抗寒性比较强，但在花期前后耐寒力比较差。我国北方地区梨树开花多在终霜期之前，很容易发生花期冻害，造成减产甚至绝产。晚霜的危害以北方梨区为主——因为梨树的花期多在晚霜期以前，梨树的耐寒能力因种（或品种）的差异而不尽相同，一般秋子梨的耐寒力较强，白梨、砂梨的耐寒力相对较弱，但均以花期抗冻能力最低。茌梨在花序分离期若遇到－5℃的低温，可有 15％～25％的花受冻。茌梨边花各物候期受冻的临界温度分别为：现蕾期－5℃，花序分离期－3.5℃，开花前 1～2 天－2～－1.5℃，开花当天－1.5℃。鸭梨比茌梨抗冻性稍强，各物候期受冻的临界温度比茌梨低 0.3～0.5℃。首先受害的是花器中的雌蕊，将直接影响产量；霜冻严重时，会因雌蕊、雄蕊和花托全部枯死脱落而造成绝产。即使在幼果形成后出现霜冻，亦会造成果实畸形，影响外观品质和商品价值。因此，搞好花期防冻十分重要。

（1）调控梨园环境

①为防止冻害，建园时要避开风口及低洼地势；在梨园周围营

造防护林。

②加强梨园田间管理，使树体生长健壮，提高树体营养水平，提高抗冻能力；尽量避免枝条发育不良，修剪时，应适当多留花芽，不要过多疏除花芽枝。并秋施基肥，提高树体贮藏营养水平，以增强自身的抵抗能力。

③萌芽前至花期多次浇水，可起到降低土壤温度、延迟发芽和开花的目的。喷灌亦可起到降低树体及土壤温度，延迟开花的作用。在预报发生霜冻以前，果园灌水，可延迟开花期，避开霜冻。另外，喷布 0.025%～0.05%萘乙酸钾盐溶液，对防止和减轻冻害均有较好的作用。

④树干涂白延迟花期，如在秋末冬初进行主干涂白〔生石灰：石硫合剂：食盐：黏土：水＝10：2：2：1：（30～40）〕，可以减少对太阳能的吸收，使树体温度在春天变化幅度变缓，减少树体冻害和日烧，延迟萌芽和开花。另外，早春用 9%～10%的石灰液喷布树冠，可使花期延迟 3～5 天。

（2）熏烟　熏烟能形成一个保护罩，减少地面热量散失，阻碍冷空气下降，同时烟粒吸收湿气，使水汽凝聚成液体放出热量，提高气温，避免或减轻霜冻。霜冻发生时，可以在梨园点火熏烟，即在园内用柴草、锯末等做成发烟堆，燃烧点设置主要依据燃烧器具的种类、降温程度和防霜面积等来确定。原则上园外围多，园内少；冷空气入口处多，出口处少；地势低处多，高处少。

当梨园凌晨 3 时左右气温降至 0℃时点火生烟，可使气温提高 1～2℃，减轻冻害。点火过早，浪费资材；点火过晚，防霜冻效果差。点火时，首先确定空气流入方向，外围要早点火，然后依据温度下降程度确定点火数目和调节火势大小，尽量控制园内温度处于临界温度以上。如夜间有风或多云天气，降温缓慢，可熄灭部分燃烧点，节约燃料；反之则应增加点火数目，提高园内温度。常见的燃烧材料，包括柴油、橡胶（废旧轮胎）、锯末油、麦草秸秆、烟雾剂。

另外，发生冻害后，要认真进行人工授粉，保证未受冻或受冻轻微的花能够开花坐果，尽量减少产量损失。也可以喷布 0.005％～0.01％的赤霉素溶液来提高坐果率，或喷布 0.003 5％～0.005 0％的吲哚乙酸溶液以诱发单性结实。

8. 鸟害的防控

鸟类啄食果实给梨果生产带来一定的伤害，随着环境和生态条件的改善，这一伤害有加重的趋势。危害果实的鸟类主要有喜鹊、灰喜鹊、山雀和麻雀等，防控的方法有人工驱鸟、化学驱鸟剂、声音驱鸟等，但以果实套袋和设网防鸟效果最好。梨果实套袋是最简便的防鸟害方法，同时还能防止病菌、农药和尘埃对果实的污染。

梨园设网是防止鸟害最好的方法。顺树行每隔 15～20 米竖立钢管、竹竿等，在梨园上方 50 厘米处增设 6 号铁丝纵横交织网架，果实开始成熟时，网架上铺设用尼龙或塑料丝制作的专用防鸟网。网的周边垂直地面并用土压实，以防鸟类从旁边飞入。也可在树冠的两侧斜拉尼龙网。果实采收后可将防护网撤除。

9. 适期采收

（1）采收期的确定　梨果采收时期是否适宜，对其产量、品质和耐贮性均有显著影响，同时也影响翌年的产量和果实品质。采收过早，果实发育不完全，果个小，风味差，不耐贮存，严重降低产量和品质；采收过晚，则同样影响翌年产量，果肉衰老快，不耐贮藏。因此，适期采收是梨果生产中不可忽视的重要环节。一般情况下，适宜的采收期要根据果实的成熟度来确定。判断成熟度的依据是果皮颜色、果肉风味及种子颜色等。梨果充分发育，种子变褐，果肉具有芳香，果柄与果台容易分离，绿色品种的果皮呈现绿白或绿黄色，黄色或褐色品种果皮呈现黄色或黄褐色，红色品种的红色发育完全，呈现本品种应有的颜色时，表明果实已经成熟，已到采收期。

另外，确定采收期还要考虑采收后梨果的用途。供应上市的鲜食果，可在果实接近充分成熟时采收；需要长途运输的，可适当提前采收；用于加工的要根据加工品对原材料的要求来确定采收期。

由于有些品种的成熟期并不一致，所以在生产中，必须根据果实的成熟度，有先有后地分批采收成熟度最适宜的果实。从适宜采收初期开始，每隔7～10天采收一次，可采收2～3次，这样可显著提高梨果的产量与质量。生产中早熟品种的采收期在8月上中旬，中晚熟品种为9月上旬，晚熟品种为9月下旬。

（2）采收方法　采收时果筐或果篮等器具，应当垫蒲包、旧麻袋片或塑料泡沫等，采果人员剪短指甲，采果时由外到内、由下往上采摘，摘果时用手握住果实底部，拇指和食指按在果柄上，向上推，果柄即分离。切忌抓住梨果用力拉，以免果柄受损。摘双果时，用一只手先托住两个果，另一只手再分次采下。轻拿轻放，防止果实碰伤压伤，尽量避免损坏枝叶及花芽，同时注意保证果柄完整。采果宜在晴天进行，在一天当中宜在果实温度最低的上午采收，而不宜在下雨、有雾和露水未干时进行，为避免果面有水引起腐烂，可在通风处晾干，严防日晒，在阴凉处预冷后分级包装。

（三）适宜树形及轻简化修剪技术

梨树冠层为主干以上集生枝叶的部分，一般由骨干枝、枝组和叶幕组成。冠层是梨树树形结构的主要组成部分，其结构及组成对树体的通风透光有决定性的影响。叶幕是果树叶片群体的总称，叶幕结构即叶幕的空间几何结构，包括果树个体大小、形状和群体密度。其主要限定因素是：栽植密度以及平面上排列的几何形状、株行间宽度、行向、叶幕的高度、宽度、开张度、叶面积系数和叶面积密度。为了提早结果，梨栽培由大冠稀植逐步向小冠密植发展，树形由适合大冠的自然圆头形、扁圆形等向适合密植的小冠疏层形、自然纺锤形、细长纺锤形等转变。由此，目前生产中采用高光效树形，老梨园采用二层开心形、开心形和水平网架形；新建梨园多采用纺锤形和Y形等。

1. 二层开心形

（1）树体的基本结构　树高3.5～4米，冠径4～4.5米，干高50～60厘米。全树分两层，一般有5个主枝，其中第一层3个主枝，开张角度 60°～70°，每主枝着生 3～4 个侧枝，同侧主枝间距要达到 80～100 厘米，侧枝上着生结果枝组；第二层 2 个主枝，与第一层距离 1.0 米左右，两个主枝的平面伸展方向应与第一层 3 个主枝错开，开张角度 50°～60°。该树形透光性好，最适宜喜光性强的品种。

（2）修剪技术　定植后，留 80～100 厘米定干。第一次冬剪时选生长旺盛的剪口枝作为中央领导干，剪留 50～60 厘米，以下 3～4 个侧生分枝作为第一层主枝。以后每年同样培养上层主枝，直到培养出第三层主枝时，去掉第三层，控制第二层以上的部分，最终落头开心成二层开心形。侧枝要在主枝两侧交错排列，同侧侧枝间距要达到 80 厘米左右。

2. 开心形

（1）树体的基本结构　树高 4～5 米，冠径 5 米左右，干高 40～50 厘米。树干以上分成 3 个势力均衡、与主干延伸线呈 30°斜伸的中干，因此也称为"三挺身"树形。三主枝的基角为 30°～35°，每主枝上，从基部起培养背后或背斜侧枝 1 个，作为第一层侧枝，每个主枝上有侧枝 6～7 个，成层排列，共 4～5 层，侧枝上着生结果枝组，里侧仅能留中、小枝组。该树形骨架牢固，通风透光，适用于生长旺盛直立的品种，但幼树整形期间修剪较重，结果较晚。

（2）修剪技术　定植后留 70 厘米定干。第一次冬剪时选择 3 个角度、方向均比较适宜的枝条，剪留 50～60 厘米，培养成为 3 条中干。第二年冬剪时，每条中干上选留一个侧枝，留 50～60 厘米短截，以后照此培养第二、三层侧枝。主枝上培养外侧侧枝。第三年冬剪时，继续重短截主枝延长枝。整个整形过程中要注意保持三条中干势力均衡。5 年树冠基本形成。

一年生侧枝的修剪，是在 6 月下旬将预备枝延长梢拉枝开角至 70°左右，冬季修剪时，仅应剪去枝条顶端弱芽部分，保留腋花芽用于翌年结果。二年生侧枝的冬季修剪视枝的生长势及短果枝的发育状况而定，如生长势强、短果枝充实，仍予以轻剪，短截度较上一年稍强。多年生侧枝延长枝剪截程度随着枝条结果量的增加而逐年加重。侧枝结果后应及时更新，可采取老枝更新或换枝更新两种方法，老枝更新即多年生侧枝基部选留预备枝，翌年培养成新侧枝，去除原枝段；换枝更新即在原侧枝附近选留预备枝，翌年疏除原来的侧枝。为防止侧枝的衰老，在每个主枝上应保留预备枝和一、二、三年生侧枝各占 1/4，逐年淘汰大枝，培养新枝。三年生以上侧枝在主枝上的位置虽逐年变化，但同侧多年生侧枝间隔距离始终保持 60～70 厘米以上，其间配置一至二年生侧枝，有利于稳定树势和结果。

3. 自由纺锤形

（1）树体的基本结构　树高 3 米左右，冠径 2～2.5 米，干高 60 厘米。中心干上直接着生大型结果枝组（亦即主枝）10～12 个，于中心干上每隔 20 厘米左右一个，插空排列，无明显层次。主枝角度 70°～80°，枝轴粗度不超过中干的 1/2。主枝上不留侧枝，直接着生结果枝组。其特点是只有一级骨干枝，树冠紧凑，通风透光好，成形快，结构简单，修剪量轻，生长点多，丰产早，结果质量好。

（2）修剪技术　定干高度 80～100 厘米，第一年不抹芽，对树干 40～50 厘米以上、枝条长度在 80～100 厘米进行秋季拉枝，枝角角度 90°，余者缓放，冬剪时对所有枝进行缓放；翌年对拉平的主枝背上萌生直立枝，离树干 20 厘米以内的全部除去，20 厘米以外的每间隔 25～30 厘米扭梢 1 个，其余除去。中干发出的枝条，长度 80 厘米左右可在秋季拉平，过密的疏除，缺枝的部位进行刻芽，促生分枝；第三年控制修剪，以缩剪和疏剪为主，除中心干延长枝过弱不剪，一般缩剪至弱枝处，将其上竞争枝压平或疏除；弱主枝缓放，对向行间伸展太远的下部主枝从弱枝处回缩，疏除或拉平直立枝，疏除下垂枝。第四或第五年中心干在弱枝处落头，以后中心干每年在弱枝处修剪保持树体高度稳定。修剪应根据树的生长结果状况而定，幼旺树宜轻剪，随树龄的增长，树势渐缓，修剪应适度加重，以便恢复树势，保持丰产、稳产、优质的树体结构。

4. 细长纺锤形

（1）树体的基本结构　干高60厘米左右，树高3.0～3.5米，冠径1.5～2.0米。中心干强壮直立，均匀分布10～15个主枝，即结果枝轴，下部主枝略长，上部略短，着生位置呈螺旋式排列，主枝长1.0～1.5米，由下向上逐渐缩短，开张角度80°～90°。主枝上直接培养结果枝组。同侧的主枝间距40～50厘米，相邻的侧枝间距15～20厘米。各主枝直径不大于着生部位中心干的1/3，粗度较大时应及时更新。该树形适合宽行密植栽培，株行距为（1.2～2.0）米×4米，前期投入小，树形简单易管理，长枝少，树冠小，通风透光好，有利于生产优质梨果。

（2）整形修剪技术　选择优质壮苗，在春季萌芽前定植，定干高度80厘米左右。定干后，顶芽下第二个芽抹除，防止形成竞争枝；二至三年生树修剪，在距地面60厘米起挑选1～2个间距15厘米左右、螺旋上升的芽进行刻芽，促发新梢，除中心干延长头及所选主枝外，其余新梢采用抹芽、摘心控制长势。主枝在春季采用牙签开角；夏末拉枝成开张角度80°～90°；冬季修剪时主枝延长头采用轻剪或中剪方式，中心干短截至40～50厘米。疏除过密枝、徒长枝，每年培养2～3个主枝，可保证下层主枝的长势。

第四至五年树形已基本成形，树高达到2.5米以上，此时对中心干延长头可采用拉平的方法换头，或采用去强留弱，控制树体高度。多数主枝已结果，对下部已结果2～3年的主枝根据情况逐年回缩，注意培养基部新梢用作主枝更新；及时疏除中心干过密主枝，防止树势衰弱。

5. Y形

（1）树体的基本结构　无中干，干高50～60厘米，两主枝呈V形，主枝上无侧枝，其上培养小型侧枝和结果枝组，两主枝夹角为80°～90°。

（2）修剪技术　定干高度70～90厘米，定干后第一芽至第二芽抽发的新枝，开张角度小，其下分枝开张角度大，可以培养为开张角度大的主枝，在生长季中，开张角度小的可疏除；第二至三年冬剪时，主枝延长枝剪去 1/3，夏季注意疏除主枝延长枝的竞争枝；第四年对主枝进行拉枝开角，并控制其生长势，生长季节对旺长枝进行疏除，扭枝抑制生长，以便形成短果枝和中果枝；第五年树形基本完成，主枝前端直立旺盛，徒长枝少，短果枝形成合理。

6. 水平棚架形

（1）树体的基本结构　水平棚架梨的树形主要有水平形、漏斗形等。水平形，干高 180 厘米左右，主枝 2 个，接近水平；漏斗形，干高 50 厘米左右，主枝多个，主枝与主干夹角 30°左右；杯状形，干高 45 厘米左右，主枝 3～4 个，主枝与主干夹角 60°左右，主枝两侧培养出肋骨状排列的侧枝。棚架栽培梨的结果部位主要在架面上呈平面结果状。

（2）修剪技术　定干高度 80 厘米，用一根竹竿插栽在苗木附近，用麻绳将其与苗木固定。萌芽后，待苗木上端抽生的新梢长 20 厘米左右时，选留 3～4 个生长方向不同、健壮枝梢作为主枝培养，保持其直立生长，落叶后将主枝拉成与主干呈 45°，三主枝间相互呈 120°，四主枝间相互呈 90°，用麻绳将其与竹竿绑定，留壮芽剪去顶端部分。

第二年继续培育主枝，并选留侧枝。继续保持主枝与主干呈 45°，上一年主枝的延长枝直立生长。每主枝上选留 2～3 个侧枝，其背上、背下枝尽早抹除。第一侧枝距主干距离 60～70 厘米，其下枝、芽要全部抹除，第二侧枝在第一侧枝对侧，二者在主枝上间距 50～60 厘米，第三侧枝在第二侧枝对侧，二者在主枝上间距 40～50 厘米。

第三年继续培育主枝、侧枝，并选留副侧枝。此时幼树已有一定的花量，但都着生在主枝与侧枝上，应严格控制坐果量，否则影响今后整个树冠的扩大。开花前，将主枝上的花芽全部去除，每一侧枝上最多保留 2 个果实，其余的全部去除。主枝仍未培育好的树，生长期内，将主枝延长枝顶芽下的第四个芽作为第三侧枝培育，对其要及时摘心控制其生长势，以防其与主枝延长枝竞争，对顶芽发出的新梢要保持垂直向上生长，对剪口下方其他新梢进行连续摘心控制生长，以防与主枝延长枝竞争。此时树体骨架基本形成，应继续调整主枝、侧枝的主从关系。在每个侧枝上选留2～3个副侧枝，选留副侧枝的方法与选留侧枝的方法基本相同。在6月上中旬，枝梢停长后、硬化前，要及时加大主枝、侧枝、副侧枝的生长角度，以免后期将其引缚到棚面时枝梢折断。副侧枝选留后，树体高度已超过棚面。冬季落叶2周后，将主枝延长枝、侧枝、副侧枝超过棚面的部分引缚在棚面上。将用麻绳呈"8"字形绑定枝梢与网线，将枝梢在其韧性允许的情况下尽可能放平固定。主枝延长枝留壮芽剪去顶端后，将其顶部竖直并用竹竿固定；引缚侧枝时，应考虑不同主枝上的侧枝顶部之间间距不小于1.2米，侧枝与主枝延长枝顶部间距不小于1.2米，尽可能相互错开后再绑定，将侧枝顶端留壮芽短截后，与棚面保持45°，用竹竿固定。副侧枝在其相互错开的情况下进行水平引缚。

成年树的修剪主要是保持主枝的先端生长优势。主枝先端易衰弱，可以适当回缩。生长势已经下降的树要改变修剪方法，首先确保预备枝，以恢复树势，剩下的枝配置长果枝。如果回缩修剪也不能使主枝健壮，可利用基部发生的徒长枝更新主枝。被更新的主枝不要立即剪去，可作为侧枝利用，当新的主枝基部长到与被更新主枝同样粗度时再更新。延长头"牵引力"的强弱是维持树势的关键，树不断长大，生长点变远后，必须考虑启用下一条枝作延长头，即先用两个延长头"牵引"，然后进行回缩更新。主枝和侧枝的延长枝继续向外引缚，始终保持主枝和侧枝先端的生长优势，疏除竞争枝，特别是主枝和侧枝先端的2～3个强枝。主枝延长枝的顶端保持直立，侧枝延长枝的顶端保持45°。每次冬剪后，整理棚架，修剪留下的结果枝也要全部绑缚诱引。

7. 不同时期修剪的特点

（1）幼树期的修剪　幼树整形修剪重点应以培养骨架、合理整形、迅速扩冠占领空间为目标，在整形的同时兼顾结果。由于幼龄梨树枝条直立，生长旺盛，顶端优势强，很容易出现中干过强、主枝偏弱的现象。因此，修剪的主要任务是控制中干过旺生长，平衡树体生长势力，开张主枝角度，扶持培养主、侧枝，充分利用树体中的各类枝条，培养紧凑健壮的结果枝组，早期结果。

苗木定植后，首先依据栽培密度确定树形，根据树形要求选留培养中干和一层主枝。为了在树体生长发育后期有较大的选择余地，整形初期可多留主枝，主枝上多留侧枝，经 3～4 年后再逐步清理，明确骨干枝。对其余的枝条一般尽量保留，轻剪缓放，以增加枝叶量、辅养树体，以后再根据空间大小进行疏、缩调整，培养成为结果枝组。

选定的中干和主枝，要进行中度短截，促发分枝，以培养下一级骨干枝。同时，短截还能促进骨干枝加粗生长，形成较大的尖削度，保证以后能承担较高的产量。为了防止树冠抱合生长，要及时开张主枝角度，削弱顶端优势，促使中后部芽萌发。一般幼树期一层主枝的角度要求在 40°左右。

修剪时注意幼树期要调整中干、主枝的生长势力，防止中干过强、主枝过弱，或主枝过强、侧枝过弱。对过于强旺的中干或主枝，可以采用拉枝开角、弱枝换头等方法削弱生长势。

（2）初果期的修剪　梨树进入初结果期后，营养生长逐渐缓和，生殖生长逐步增强，结果能力逐渐提高。此时要继续培养骨干枝，完成整形任务，促进结果部位的转化，培养结果枝组，充分利用辅养枝结果，提高早期产量。

修剪时首先对已经选定的骨干枝继续培养，调节长势和角度。带头枝仍采用中截向外延伸；中心干延长枝不再中截，缓势结果，均衡树势。辅养枝的任务由扩大枝叶量、辅养树体，变为成花结果、实现早期产量。此时梨树已经具备转化结果的生理基础，只要势力缓和就可以成花结果。因此要对辅养枝采取轻剪缓放、拉枝转换生长角度、环剥（割）等手段，缓和生长势，促进成花。

培养结果枝组，为梨树丰产打好基础，是该时期的重要工作。长枝周围空间大时，先行短截，促生分枝，分枝再继续短截，继续扩大，可以培养成大型结果枝组；周围空间小时，可以连续缓放，促生短枝，成花结果，等枝势转弱时再回缩，培养成中、小型结果枝组。中枝一般不短截，成花结果后再回缩定型。大、中、小型结果枝组要合理搭配、均匀分布，使整个树冠圆满紧凑，枝枝见光，立体结果。

（3）盛果期的修剪　梨树进入盛果期，树形基本完成，骨架已经形成，树势趋于稳定，具备了大量结果和稳产优质的条件。此时修剪的主要任务是：维持中庸健壮的树势和良好的树体结构，改善光照，调节生长与结果的矛盾，更新复壮结果枝组，防止大小年结果，尽量延长盛果年限。

树势中庸健壮是稳产、高产、优质的基础。中庸树势的标准是：外围新梢生长量 30～50 厘米，长枝占总枝量的 10%～15%，中、短枝占 85%～90%，短枝花芽量占总枝量的 30%～40%；叶片肥厚，芽体饱满，枝组健壮，布局合理。树势偏旺时，采用缓势修剪手法，多疏少截，去直立留平斜，弱枝带头，多留花果，以果压势。树势偏弱时，采用助势修剪手法，抬高枝条角度，壮枝壮芽带头，疏除过密细弱枝，加强回缩与短截，少留花果，复壮树势。对中庸树的修剪要稳定，不要忽轻忽重，各种修剪手法并用，及时更新复壮结果枝组，维持树势的中庸健壮。

结果枝组中的枝条可以分为结果枝、预备枝和营养枝三类，各占 1/3，修剪时应区别对待，平衡修剪，维持结果枝组的连续结果能力。对新培养的结果枝组，要抑前促后，使枝组紧凑；衰老枝组及时更新复壮，采用去弱留强、去斜留直、去密留稀、少留花果的方法，恢复生长势。对多年长放枝结果后及时回缩，以壮枝壮芽带头，缩短枝轴。去除细弱、密挤枝，压缩重叠枝，打开空间及光路。

梨树是喜光树种，维持冠内通风透光是盛果期树修剪的主要任务之一。解决冠内光照问题的方法有：

①落头开心，打开上部光路。

②疏间、压缩过多、过密的辅养枝，打开层间。

③清理外围，疏除外围竞争枝以及背上直立大枝，压缩改造成大枝组，解决下部及内膛光照。

（4）衰老期的修剪　梨树进入衰老期，生长势减弱，外围新梢生长量减少，主枝后部易光秃，骨干枝先端下垂枯死，结果枝组衰弱而失去结果能力，果个小，品质差，产量低。因此，必须进行更新复壮，恢复树势，以延长盛果年限。更新复壮的首要措施是加强土肥水管理，促使根系更新，提高根系活力，在此基础上通过修剪调节。

此期的主要任务是增强树体的生长势，更新复壮骨干枝和结果枝组，延缓骨干枝的衰老死亡。梨树的潜伏芽寿命很长，通过重剪，可以萌发较多的新枝用来重建骨干枝和结果枝组。修剪时将所有主枝和侧枝全部回缩到壮枝壮芽处，结果枝去弱留壮，集中养分。衰老程度较轻时，可以回缩到二至三年生部位，选留生长直立、健壮的枝条作为延长枝，促使后部复壮；严重衰老时加重回缩，刺激隐芽萌发徒长枝，一部分连续中短截，扩大树冠，培养骨干枝，另外一部分截、缓并用，培养成新的结果枝组。一般经过3～5 年的调整，即可恢复树势，提高产量。

（四）精准土肥水管理技术

精准土肥水管理技术包括土壤管理技术和果园精准灌溉施肥技术。

1. 梨园土壤覆盖技术

梨园覆盖是指在梨园地表人工覆盖天然有机物或化学合成物，分为生物覆盖和化学覆盖。生物覆盖材料包括作物秸秆、杂草或其他植物残体。化学覆盖材料包括聚乙烯农用地膜、可降解地膜、有色膜、反光膜等化学合成材料。梨园覆盖具有降低管理成本、提高土壤含水量、节省灌溉开支、增加产量等优点，另外，还可以改善土壤结构，秸秆覆盖也不需要中耕除草。梨园覆盖能够改善土壤的通透性，提高土壤孔隙度，减小土壤容重，使土质松软，利于土壤团粒结构形成，减少土壤内盐碱上升，有助于土壤保持长期疏松状态，提高土壤养分的有效性。提高土壤肥力，促进土壤微生物活动。覆盖有机物降解后可增加土壤有机质含量，提高土壤肥力，连续覆盖 3～4 年，活土层可增加 10 厘米左右，土壤有机质含量可增加 1% 左右。

（1）覆草技术　覆草前，应先浇足水，按每 10～15 千克的数量施用尿素，以满足微生物分解有机质时对氮的需要。覆草一年四季均可，以春、夏季最好，春季覆草利于果树整个生育期的生长发育，又可在果树发芽前结合施肥、春灌等农事活动一并进行，省工省时；也可在麦收后进行覆盖；对于洼地、易受晚霜危害的果园，以谢花之后覆草为好。不宜进行间作的成龄果园，可采取全园覆草，即果园内裸露土地全部覆草，数量可掌握在每亩 1 500 千克左右。幼龄梨园，以树盘覆草为宜，每亩用草 1 000 千克左右。覆草量也可按照拍压整理后 10～20 厘米的厚度来掌握。梨园覆草应连年进行，每年均需补充一些新草，以保持原有厚度。3～4 年后可在冬季深翻一次，深度 15 厘米左右，将地表已腐烂的杂草翻入表土，然后加施新鲜杂草继续覆盖。

（2）覆膜技术　覆膜前必须先追足肥料，地面必须先整细、整平。覆膜时期，在干旱、寒冷、多风地区以早春（3 月中下旬至 4 月上旬）土壤解冻后覆盖为宜。覆膜时应将膜拉展，使之紧贴地面。

一年生幼树采用"块状覆膜"。树盘以树干为中心做成"浅盘状"，要求外高里低，以利蓄水，四周开 10 厘米浅沟，然后将膜从树干穿下并把膜缘铺入沟内用土压实。二至三年生幼树采用"带状覆膜"。顺树行两边相距 65 厘米处各开一条 10 厘米浅沟，再将地膜覆上。遇树开一浅口，两边膜缘铺入沟内用土压实。成龄树采取"双带状覆膜"。在树干周围 1/2 处用刀划 10～20 个分布均匀的切口，用土封口，以利降水从切口渗入树盘。两树间压一小土棱，树干基部不要用地膜围紧，应留一定空隙但应用土压实，以免烧伤干基树皮和透风。

夏季进入高温季节时，注意在地膜上覆盖一些草秸等，以防根际土温过高，一般以不超过 30℃ 为宜。此外到冬季应及时拣除已风化破烂无利用价值的碎膜，集中处理，以便于土壤耕作。

梨园覆盖为病菌提供了栖息场所,会引起病虫数量增加,在覆盖前要用杀虫剂、杀菌剂喷洒地面和覆盖物。排水不良的地块不宜覆草,以免加重涝害。梨园覆草或秸秆根系分布浅,根颈部易发生冻害和腐烂病。长期覆盖的果园湿度较大,根的抗性差,可在春夏季扒开树盘下的覆盖物,对地面进行晾晒,能有效地预防根腐烂病,并促使根系向土壤深层伸展。此外覆草时根颈周围留出一定的空间,能有效地控制根颈腐烂和冻害。并且冬春树干涂白,幼树培土或用草包干,对预防冻害都有明显的作用。

农膜覆盖也带来了白色污染。聚丙烯、聚乙烯地膜,可在田间残留几十年不降解,造成土壤板结、通透性变差、地力下降,严重影响作物的生长发育和产量。残破地膜一定要拣拾干净集中处理。应优先选用可降解地膜。

2. 梨园生草新技术

梨园生草适宜在年降水量 500 毫米(最好 800 毫米)以上的地区或有良好灌溉条件的地区采用。

梨园生草有人工种植和自然生草两种方式。可进行全园生草、行间生草。土层深厚肥沃、根系分布较深的梨园宜采用全园生草;土壤贫瘠、土层浅薄的梨园,宜采用行间生草。无论采取哪种方式,都要掌握一个原则,即应该对果树的肥、水、光等竞争相对较小,又对土壤生态效应较佳,且对土地的利用率高。

梨园生草对草的种类有一定的要求。主要标准是适应性强,耐阴,生长快,产草量大,耗水量较少,植株矮小,根系浅,能吸收和固定果树不易吸收的营养物质,地面覆盖时间长,与果树无共同的病虫害,对果树无不良影响,能引诱天敌,生育期比较短。以鼠茅草、黑麦草、白三叶草、紫花苜蓿等为好。另外,还有百脉根、百喜草、草木樨、毛苕子、扁茎黄芪、小冠花、鸭绒草、早熟禾、羊胡子草、野燕麦等。

(1)播种 播前应细致整地,清除园内杂草,1 亩撒施磷肥 50 千克,翻耕土壤,深度 20～25 厘米,翻后整平地面,灌水补墒。为减少杂草的干扰,最好在播种前半月灌水 1 次,诱发杂草种子萌发出土，除去杂草后再播种。

播种时间春、夏、秋季均可，多为春、秋季。春播一般在 3 月中下旬至 4 月，气温稳定在 15℃以上时进行。秋季播种一般从 8 月中旬开始，到 9 月中旬结束。最好在雨后或灌溉后趁墒进行。春播后，草坪可在 7 月果园草荒发生前形成；秋播，可避开果园野生杂草的影响，减少剔除杂草的繁重劳动。就果园生草草种的特性而言，白三叶草、多年生黑麦草，春季或秋季均可播种；放牧型苜蓿春季、夏季或秋季均可播种；百喜草只能在春季播种。

草种用量，白三叶、紫花苜蓿、田菁等，每亩用量 0.5～1.5 千克。黑麦草每亩用量 2.0～3.0 千克。可根据土壤墒情适当调整用种量，一般土壤墒情好，播种量宜小；土壤墒情差，播种量宜大些。

一般情况下，生草带为 1.2～2.0 米，生草带的边缘应根据树冠的大小在 60～200 厘米范围内变动。播种方式有条播和撒播。条播，即开 0.5～1.5 厘米深的沟，将过筛细土与种子以（2～3）∶1 的比例混合均匀，撒入沟内，然后覆土。遇土壤板结时及时划锄破土，以利出苗。7～10 天即可出苗。行距以 15～30 厘米为宜。土质好，土壤肥沃，又有水浇条件，行距可适当放宽；土壤瘠薄，行距要适当缩小。同时播种宜浅不宜深。撒播，即将地整好，把种子拌入一定的沙土撒在地表，然后用耪耪一遍覆土即可。

（2）幼苗期管理　出苗后应及时清除杂草，查苗补苗。生草初期应注意加强水肥管理，干旱时及时灌水补墒，并可结合灌水补施少量氮肥。白三叶草属豆科植物，自身有固氮能力，但苗期根瘤尚未生成，需补充少量的氮肥，待成坪后只需补充磷、钾肥即可。白三叶草苗期生长缓慢，抗旱性差，应保持土壤湿润，以利苗期生长。成坪后如遇长期干旱也需适当浇水。灌水后应及时松土，清除野生杂草，尤其是恶性杂草。生草最初的几个月不能刈割，要待草根扎深、植株体高达 30 厘米以上时，才能开始刈割。春季播种的，进入雨季后灭除杂草是关键。对密度较大的狗尾草、马唐等禾本科杂草，可用 10.8％的吡氧氯禾灵乳油或 5％的禾草杀星乳油 500～

700 倍液喷雾。

（3）成坪后管理　果园生草成坪后可保持 3～6 年，生草应适时刈割，既可以缓和春季和果树争肥水的矛盾，又可增加年内草的产量，增加土壤有机质的含量。一般每年割 2～4 次，灌溉条件好的果园，可以适当多割 1 次。割草的时间掌握在开花与初结果期，此期草内的营养物质最高。割草的高度，一般的豆科草如白三叶要留 1～2 个分枝，禾本科草要留有心叶，一般留茬 5～10 厘米。避免割得过重使草失去再生能力。割草时不要一次割完，顺行留一部分草，为天敌保留部分生存环境。割下的草可覆盖于树盘上、就地撒开、开沟深埋或与土混合沤制成肥，也可作饲料还肥于园。整个生长季节果园植被应在 15～40 厘米交替生长。

刈割之后均应补氮和灌水，结合果树施肥，每年春、秋季施用以磷、钾肥为主的肥料。生长期内，叶面喷肥 3～4 次，并在干旱时适量灌水。生草成坪后，有很强的抑制杂草的能力，一般不再人工除草。

果园种草后，既为有益昆虫提供了场所，也为病虫提了庇护场所，果园生草后地下害虫不同程度有所增加，应重视病虫防治。在利用多年后，草层老化，土壤表层板结，应及时采取更新措施。对自繁能力较强的百脉根通过复壮草群进行更新，黑麦草一般在生草 4～5 年后及时耕翻，白三叶耕翻在 5～7 年草群退化后进行，休闲 1～2 年，重新生草。

自然生草是根据梨园里自然长出的各种草，把有益的草保留，是一种省时省力的生草法。

3. 梨树施肥技术

（1）梨树需肥规律　梨树在一年的生长发育中，主要需肥时期为萌芽生长和开花坐果、幼果生长发育和花芽分化、果实膨大和成熟 3 个主要时期。在这 3 个时期中，应根据不同器官生长发育，按其需肥特点，及时供给必要的营养元素和微量元素。

①萌芽生长和开花坐果期。春季萌芽生长和开花坐果几乎同时进行，由于多种器官建造和生长，消耗树体养分较多。通常，前一

年树体内贮藏养分充足，翌年春季萌芽整齐，生长势较强，花朵较大，坐果率较高，对果实继续发育和改善品质都有重要影响。如果前一年结果过多，病虫危害严重或未施秋肥，则应于萌芽前后补施以氮为主的速效肥料，并配合灌水，有利肥料溶解和吸收，供给生长和结果的需要，促进新梢生长、开花坐果和为花芽分化创造有利条件。

②幼果生长发育和花芽分化期。是指坐果以后，果实迅速生长发育，北方此时在 5 月上旬至 6 月上旬。此时发育枝仍在继续生长，同时果实细胞数量增加，枝叶生长处于高峰，都需要大量营养物质供应，否则，果实生长受阻而变小，枝叶生长减弱或被迫停止。这一时期树体养分来源是树体原有贮存养分和当年春季叶片本身制造的养分，共同供给幼果生长发育的需要。可见，强调前一年采果后尽早秋施有机肥，配合混施速效性氮肥和磷肥，对翌年春季营养生长、开花坐果和幼果生长发育，是很有必要的。此时，也已进入花芽分化期，施肥有利于花芽形成。

③果实膨大和成熟期。这一时期为 8 月至 9 月中旬。由于果实细胞膨大，内含物和水分不断填充，果实体积明显增大，淀粉水解转化为糖和蛋白质分解成氨基酸的速度加快，糖酸比明显增加，同时叶片同化产物源源不断送至果实，果实品质和风味不断提高，是改善和增进果实品质的关键时期。此期如果施氮过多或降水、灌水过多，均可降低果实品质和风味，调查结果表明，后期控制氮施用量，果实中可溶性固形物有较大幅度提高。叶是果实中糖和酸的重要来源，叶面积不足或叶片受损，均可降低果实中糖酸含量和糖酸比而影响果实风味，为获得优质果实和丰产，应特别注意果实膨大期到成熟期前适量施氮和灌水，保护好叶片和避免过早采收。

（2）确定施肥量　确定合理的施肥量，要依据树龄、土壤状况、立地条件以及肥料种类和利用率等方面来考虑，做到既不过剩，又能充分满足果树对各种营养元素的需要。叶分析是一种确定果树施肥量的比较科学的方法，当叶分析发现某种营养成分处于缺乏状态时，就要根据缺乏程度及时进行补充。鸭梨的主要叶营养诊断指标见表 2-1。另外，还可以根据树体的需要量减去土壤的供应量，然后再考虑不同肥料的吸收利用率来确定施肥量（表 2-1）。计算公式为：

$$理论施肥量 = \frac{树体需要量 - 土壤供给量}{肥料利用率}$$

表 2-1 鸭梨的主要叶营养诊断指标

元素	标准值	变动范围
氮（%）	2.03	1.93～2.12
磷（%）	0.12	0.11～0.13
钾（%）	1.14	0.95～1.33
钙（%）	1.92	1.74～2.09
镁（%）	0.44	0.38～0.49
铁（毫克/千克）	113	95～131
锰（毫克/千克）	55	48～61
锌（毫克/千克）	21	17～26
硼（毫克/千克）	21	17～26
铜（毫克/千克）	16	6～26

一般而言，每生产 100 千克梨果，需要吸收纯氮 0.47 千克、纯磷 0.23 千克、纯钾 0.47 千克；这 3 种元素的土壤天然供给比例分别为 1/3、1/2 和 1/2；肥料利用率分别为 50%、30% 和 40%。从华北、辽宁梨区高产典型施肥情况看，每生产 100 千克梨果，需要施用优质猪圈粪或土杂肥 100 千克、尿素 0.5 千克、过磷酸钙 2 千克、草木灰 4～5 千克，生产中可以根据产量指标计算施肥量。确定好全年施肥量以后，基肥按照全年施肥量的 50%～60% 施用，追肥总量按 40%～50% 施用。

（3）基肥　基肥是梨树一年中较长时期供应果树养分的基本肥料，通常以迟效性的有机肥料为主，肥效发挥平稳而缓慢，可以不断为果树提供充足的常量元素和微量元素。常用作基肥的有机肥种类有：腐殖酸类肥料、圈肥、厩肥、堆肥、粪肥、饼肥、复合肥以及各种绿肥、农作物秸秆、杂草等。基肥也可混施部分速效氮素化肥，以增快肥效。过磷酸钙等磷肥直接施入土壤中常易被土壤固定，不易被果树吸收，为了充分发挥肥效，宜将其与圈肥、人粪尿等有机肥堆积腐熟，然后作基肥施用。

①施用时期。基肥施用的最适宜时期是在秋季，一般在果实采收后立即进行。此时正值根的秋季生长高峰，吸收能力较强，伤根容易愈合，新根发生量大。加上秋季光照充足，叶功能尚未衰退，光合能力较强，有利于提高树体贮藏营养水平。同时，秋施基肥，由于土壤温度比较高，能够充分的腐熟，不仅部分被树体吸收，而且早春可以及时供树体生长使用。而落叶后施用基肥，由于地温低，伤根不易愈合，肥料也较难分解，效果不如秋施；春季发芽前施用基肥，肥效发挥慢，对果树春季开花坐果和新梢生长的作用较小，而后期又会导致树体生长过旺，影响花芽分化和果实发育。

②施用方法。为使根系向深广方向生长，扩大营养吸收面积，一般在距离根系分布层稍深、稍远处施基肥，但距离太远则会影响根系的吸收。基肥的施用方法分为全园施肥和局部施肥。成龄果园，根系已经布满全园，适宜采用全园施肥；幼龄果园宜采用局部施肥。局部施肥根据施肥的方式不同又分为环状施肥、放射沟施肥、条沟施肥等。

（4）追肥　追肥是在施足基肥的基础上，根据梨树各物候期的需肥特点补给肥料。由于基肥肥效发挥平稳而缓慢，当果树急需肥料时，必须及时追肥补充，才能既保证当年壮树、高产、优质，又为翌年的丰产奠定基础。

追肥主要追施速效性化肥。追肥的时期和次数与品种、树龄、土壤及气候有关。早熟品种一般比晚熟品种施肥早，次数少；幼树追肥的数量和次数宜少；高温多雨或沙地及山坡丘陵地，养分容易流失，追肥宜少量多次。

①花前追肥。发芽开花需要消耗大量的营养物质，主要依靠上年的贮藏营养供给。此时树体对氮肥敏感，若氮肥供应不足，易导致大量落花落果，并影响营养生长。因此要追施以氮为主、氮磷结

合的速效性肥料。一般初结果树株施尿素 0.5 千克，盛果期树株施尿素 1~1.5 千克。

②花后追肥。落花后坐果期是梨树需肥较多的时期，应及时补充速效性氮、磷肥，促进新梢生长，提高坐果率，促进果实发育。一般初结果树株施磷酸二铵 0.5 千克，盛果期树株施磷酸二铵 1 千克。

③花芽分化期追肥。此时中、短梢停止生长，花芽开始分化，追肥对花芽分化具有明显促进作用。此期追肥要注意氮、磷、钾肥配施，最好追施三元复合肥或全元素肥料。一般株施三元复合肥 1~1.5 千克，或果树专用肥 1.5~2 千克。

④果实膨大期追肥。此时果实迅速膨大，追肥主要是为了补充果树由于大量结果而造成的树体营养亏缺，增加树体营养积累。此期宜追施氮肥，并配合适当比例的磷、钾肥。

以上只是说明追肥的时期和作用，并不一定各个时期都要追肥。而是要本着经济有效的原则，因树制宜，合理施用。一般弱树要抓住前两次追肥，促进新梢生长，增强树势；而旺树则要避免在新梢旺长期追肥，以缓和树势，促进花芽分化。

土壤追肥一般采用放射状沟施或环状沟施，方法与施基肥相似，但开沟的深度和宽度都要稍小。另外，可以采用灌溉式施肥，即将肥料溶于水中，随灌溉施入土壤。一般与喷灌、滴灌相结合的较多。灌溉式施肥供肥及时而均匀，肥料利用率高，既不伤根，又不破坏土壤结构，省工省力，可以大大提高劳动生产率。

（5）叶面喷肥　就是将肥料直接喷到叶片或枝条上，方法简单易行，肥效快，用肥量小，并且能够避免某些元素在土壤中固定，可及时满足果树的需要。另外，由于营养元素在各类新梢中的分布比较均匀，因而有利于弱枝复壮。叶面喷肥不能代替土壤施肥，大部分的肥料还是通过根部施肥供应。各种肥料根外施用时的浓度及时期如表 2-2 所示。

叶面喷肥最适宜的气温为 18~25℃，湿度稍大效果较好，所以喷施时间一般在晴朗无风天气的上午 10 时以前和下午 4 时以后。

一般喷前应先做试验，确定不会产生肥害后，再大面积喷施。

表 2-2　各种肥料根外施用时的浓度及时期

肥料名称	水溶液浓度（％）	喷施时期	施用目的
尿素（氮）	0.3～0.5	萌芽期至采果后	促进生长，提高叶质，延长叶片寿命，增加光合效能，提高坐果率，增加产量，促进花芽分化
硝酸铵（氮）	0.1～0.3		
硫酸铵（氮）	0.1～0.3		
磷酸铵（磷、氮）	0.3～0.5		
过磷酸钙（磷）	1～3	新梢停长、果实膨大至采收前	提高光合能力，促进花芽分化，提高坐果率，提高果实含糖量，增强果实耐藏性和树体抗寒力
氯化钾（钾）	0.3		
硫酸钾（钾）	0.5～1		
草木灰（钾、磷）	2～3		
磷酸二氢钾（磷、钾）	0.2～0.3		
硼砂（硼）	0.1～0.25	萌芽前、盛花期至9月	提高坐果率，防治缩果病
硼酸（硼）	0.1～0.5		
硫酸亚铁（铁）	0.1～0.4	4—9月	防治黄叶病
	1～5	休眠期	
硫酸锌（锌）	0.1～0.4	萌芽后	防治小叶病
	1～5	萌芽前	

4. 果园精准灌溉施肥技术

果园精准灌溉施肥技术，又称为水肥一体化或水肥耦合技术，是将灌溉与施肥融为一体，借助压力灌溉系统，将可溶性固体肥料或液体肥料配兑而成的肥液与灌溉水一起，将肥料精准地施入果树根区的一种技术。可根据不同果树类型的需肥特点、土壤环境和养分含量状况，果树不同物候期需水、需肥规律进行需求设计，使水和肥料在土壤中以最优的组合状态供应给果树吸收利用。

（1）果园精准灌溉施肥技术的优点

①提高果园水的利用效率。我国果园大多位于丘陵缓坡地，主要依靠自然降水，人工提水灌溉非常困难，为了保证果树的丰产稳

产，必须有良好的灌溉做保证。沿用传统的"土渠输水、大水漫灌"的灌溉方式，灌溉方式落后、水分利用效率低下，成为制约果业发展的瓶颈。精准灌溉施肥技术减少了土壤的湿润深度和湿润面积，一定的灌水量可以形成相应最大的湿润半径，使水的深层渗漏量最小，果园土壤水分达到最适宜状态，灌水均匀度可提高至80%～90%，促进果树根系生长和树体发育。

②提高果园肥料利用效率。肥料是果园最大的直接生产成本，我国果园的施肥方式大多为沟施或穴施，施肥和灌水并不是同步进行，肥料利用率仅为30%左右，而发达国家一般为50%～60%。施入土壤中的氮素，仅有不足20%被果实带走，国外苹果的年施氮量一般为果实带走氮量的3～4倍，而国内有些果园则在10倍以上。精准灌溉施肥为果树主要根系活动层提供适时稳定的营养供应，提高了土壤的保肥能力，减少了氮素的淋洗和深层渗漏，大大提高了氮肥的利用率，磷素和钾素在主要根系活动层的土壤中分布均匀，树冠下的非湿润区土壤钾、钙和镁的损失少，避免了过量施肥和肥料淋失造成的水体污染。精准灌溉施肥后果树形成局部生长的密集根系，根系中产生大量须根，肥料的吸收利用率提高。

③降低果园劳动成本。果园灌溉和施肥劳动强度大，耗费大量劳力，随着劳动力短缺和价格上涨，果园管理中迫切需要节省劳力的灌溉施肥方法。精准灌溉施肥系统运行操作简单、经济，节省了灌溉施肥操作的人工和时间，实现了灌溉施肥的自动化控制，节省了大量的劳动力成本。

(2) 果园精准灌溉施肥技术

①精准灌溉施肥系统。精准灌溉施肥包括管道灌溉、喷灌、微喷灌、泵加压滴灌、重力滴灌、渗灌、小管出流等方式，可根据果园的地形、地块、土壤质地、栽植模式、水源特点等基本情况进行设计，要实现果园精准灌溉施肥，需要增加电磁阀、流量计、土壤水分传感器、数据采集器等配套设备。

②精准灌溉施肥方式及设备。精准灌溉施肥常见的施肥方式主要包括重力自压施肥法、泵吸肥法、泵注肥法、旁通罐施肥法、文

丘里施肥法和比例施肥法，施肥设备包括压差式施肥罐、文丘里施肥器、施肥泵、施肥机、施肥池、施肥枪等。压差式施肥罐法、文丘里器施肥法和泵注式施肥法是国内外果园常用的注肥方法。

③肥料的选择。肥料选择应符合下列条件：溶液养分浓度高；可溶性高，能迅速溶于水中灌溉；不会引起灌溉水 pH 的剧烈变化；对灌溉设备的腐蚀性小；相溶性好，相互使用不会产生沉淀物阻塞滴头和过滤器。

水肥一体化可选择的肥料类型：液体肥料养分含量高，溶解性好，施用方便，是水肥一体化滴灌系统的首选肥料，但是价格较高，运输不便。可溶性固体肥料包括大量元素肥料，有尿素、硝酸铵、硫酸铵、硝酸钙、硝酸钾、磷酸、磷酸二氢钾、磷酸一铵（工业级）、氯化钾（加拿大钾肥除外）等；常用的中量元素肥料有硫酸镁，微量元素应选用螯合态的肥料。速溶有杂质的肥料需要先溶解，再过滤。

水肥一体化可溶性固体肥料在配制时要特别注意：含磷酸根的肥料与含钙、镁、铁、锌等金属离子的肥料混合后产生沉淀，含钙离子的肥料与含硫酸根离子的肥料混合后会产生沉淀，最好现用现配。对于混合后会产生沉淀的肥料应采用分别单独注入的办法来解决。

④水肥一体化技术的操作。肥料溶解与混匀：施用液态肥料时不需要搅动或混合，一般固态肥料需要与水混合搅拌成液肥，必要时分离，避免出现沉淀等问题。施肥量控制：施肥时要掌握剂量，注入肥液的适宜浓度大约为灌溉流量的 0.1%。例如灌溉流量为每亩 50 米^3，注入肥液大约为每亩 50 升；过量施用可能会使作物致死以及环境污染。灌溉施肥的程序分 3 个阶段：第一阶段，使用不含肥的水湿润灌溉系统；第二阶段，施用肥料溶液灌溉；第三阶段，用不含肥的水清洗灌溉系统。

⑤灌溉施肥制度的设定。灌溉制度包括果树全物候期的灌水定额、灌溉周期和一次灌水的延续时间和灌水量等，主要依据物候期的降水量、不同果树类型的需水规律（包括果树的水分临界期、不

同物候期对水分的需求及日需水强度）、根系分布特征、果园土壤墒情、土壤性状（土壤容重、田间持水量、土层厚度等）、灌溉上限与下限、湿润比、设施条件和技术措施来确定。土壤墒情常用的测定方法有张力计法、中子探测器和时域反射仪（TDR）法。

施肥制度包括肥料种类、施肥时间、次数、数量和配方比例，主要依据果树的需肥规律（果树不同物候期对不同营养元素的需求量和养分比例，果树的营养临界期和营养最大效率期等）、果园土壤条件（土壤养分、土壤质地、构型等）、树势、目标产量等因素决定的。

土壤化学分析和叶片分析结果是制定施肥制度的重要参考依据。以梨为例，氮素需求分为 3 个时期，第一时期为大量需氮期（萌芽、展叶至新梢旺盛生长期），其前半期主要来源于树体的贮藏氮素，后半期主要利用当年吸收的氮素；第二时期为氮素营养稳定供应期（新梢旺盛生长期到采收前），此期稳定供应少量氮肥，施氮过多会影响果实品质，施氮不足则影响果实大小和产量；第三时期为氮素营养贮备期（采收后至落叶），此期供应氮素对下一年器官形成、分化、优质丰产均起重要作用。磷肥主要用过磷酸钙作基肥施用，可撒在滴灌带或滴灌管下面，或能喷到水的地方，或者用磷酸二铵按照灌溉次数平均施用，也可在花芽分化前适当增加施用比例。钾肥主要施用于生长后期，自果实膨大开始增加钾肥施用比例，在需要施用钙、镁的情况下，要单独注入钙肥和镁肥。

（3）果园精准灌溉施肥应当注意的问题

①防止过量灌溉。要严格按照设定的灌水定额和灌溉周期进行，避免人为延长灌溉时间。过量灌溉会导致不被土壤吸附的养分淋洗到根层以下，特别是尿素和硝态氮极易被淋洗，造成浪费，严重者会导致果树发生缺氮症状，影响树体发育。

②防止滴头堵塞。在进行滴灌施肥前，先滴清水，管道、滴头全部被清水充满后开始加肥，滴肥结束后继续滴清水 30 分钟左右，清洗管道中的残留肥液。同时避免使用杂质含量较高的肥料，尤其是磷肥的水溶性问题，既要求磷完全溶解，又不能与灌溉水中的溶

质（尤其是硬度高的水）发生沉淀，有条件的情况下，可以配备过滤装置，防止滴头堵塞。

③防止盐分浓度过高和 pH 波动。进行精准灌溉施肥一定要严格控制盐分离子的浓度，避免伤害根系和叶片，可以通过测定喷施的肥液或滴头出口的肥液的电导率来进行控制，通常控制肥料溶液的 EC 值为 1～3 毫西门子/厘米；也可在土壤中安装电导传感器，当土壤电导率高于一定值时，则停止供肥，以免引起果树的肥害。同时控制主管道 pH 在 6.0～7.5，在主管道上分别安装一个酸调节罐（10%磷酸溶液）和碱调节罐。

（五）主要病虫害防控技术

果树病虫害防控要积极贯彻"预防为主，综合防治"的植保方针。以农业和物理防治为基础，提倡生物防治，按照病虫害的发生规律和经济阈值，科学使用化学防治技术，有效控制病虫危害。改善田间生态系统，创造适宜果树生长且不利于病虫发生的环境条件，达到生产安全、优质、绿色果品的目的。果树病虫害综合防治方法包括植物检疫、农业措施防治、物理防治、生物防治、化学防治等措施。

1. 主要病害防治

（1）腐烂病　又名臭皮病，是梨树重要的枝干病害。主要危害树干、主枝和侧枝，使感病部位树皮腐烂。发病初期病部肿起，水渍状。呈红褐至褐色，常有酒糟味，用手压有汁液流出。后渐凹陷变干，产生黑色小疣状物，树皮随即开裂。

一年有春季、秋季两个发病高峰，春季是病菌侵染和病斑扩展最快的时期，秋季次之。由于病原菌的寄生性较弱，具有潜伏侵染的现象，侵染和繁殖一般发生在生活力低或近死亡的组织上。各种导致树势衰弱的因素都可诱发腐烂病。水肥管理得当、生长势旺盛、结构良好的树发病轻。

防治方法：加强土肥水管理，防止冻害和日烧，合理负载，增强树势，提高树体抗病能力，是防治腐烂病的关键。秋季树干涂白，防止冻害；春季发芽前全树喷 2％农抗 120 水剂 100～200 倍液、5 波美度石硫合剂，铲除树体上的潜伏病菌。

早春和晚秋发现病斑及时刮治，病斑应刮净、刮平，或者用刀顺病斑纵向划道，间隔 5 毫米左右，然后涂抹 843 康复剂原液、5％安素菌毒清 100～200 倍液、2％农抗 120 10～30 倍液或腐必清原液等药剂，以防止复发。另外，随时剪除病枝并烧毁，减少病原菌数量。

（2）黑星病　又称为疮痂病。主要危害果实、果梗、叶片、嫩梢、叶柄、芽和花等部位。在叶片上最初表现为近圆形或不规则形、淡黄色病斑，一般沿叶脉的病斑较长，随病情发展首先在叶背面沿支脉病斑上长出黑色霉层，发生严重时许多病斑连成一片，使整个叶背布满黑霉，造成早期落叶。在新梢上是从基部开始形成病斑，初期褐色，随病斑扩大，病斑上产生一层黑色霉层，病疤凹陷、龟裂，发生严重可导致新梢枯死。在果实上最初为黄色近圆形的病斑，病斑大小不等，病健部界限清晰，随病斑扩大，病斑凹陷并在其上形成黑色霉层。处于发育期的果实发病，因病部组织木栓化而在果实上形成龟裂的疮痂，从而造成果实畸形。

病菌以分生孢子和菌丝在芽鳞片、病果、病叶和病梢上或以未成熟的子囊壳在落地病叶中越冬。春季由病芽抽生的新梢、花器官先发病，成为感染中心，靠风雨传播给附近的叶片、果实等。梨黑星病病原菌寄生性强，病害流行性强。一年中可以多次侵染，高温、多湿是发病的有利条件。年降水量在 800 毫米以上、空气湿度过大时，容易引起病害流行。华北地区 4 月下旬开始发病，7—8 月是发病盛期。另外，树冠郁闭，通风透光不良，树势衰弱，或地势低洼的梨园发病严重。梨品种间有差异，中国梨最感病，日本梨次之，西洋梨较抗病。

防治方法：梨果实套袋，保护果实。梨黑星病高发地区，注意选择抗病品种栽植；合理修剪，改善冠内通风透光条件；从新梢生长之初就开始寻找并及时剪除发病新梢，对上年发病重的区域和单株更要注意。剪除病芽梢加上及时的喷药保护是目前控制梨黑星病流行的最有效方法。

结合降水情况，从发病初期开始，每隔 10～15 天喷布一次杀菌剂。常用药剂有波尔多液（硫酸铜、生石灰、水的比例为 1：2：240）、50％多菌灵 600～800 倍液、70％甲基硫菌灵 800 倍液、40％福星乳剂 4 000～5 000 倍液、80％代森锰锌 800 倍液、12.5％烯唑醇可湿性粉剂 2 000 倍液等。波尔多液与其他杀菌剂交替使用效果更好。

（3）轮纹病　又称为粗皮病，分布遍及全国各梨产区。病菌可侵染枝干、果实和叶片。在枝干上通常以皮孔为中心形成深褐色病斑，单个病斑圆形，直径 5～15 毫米，初期病斑略隆起，后边缘下陷，从病健交界处裂开。在果实上一般在近成熟期发病，首先表现为以皮孔为中心、水渍状褐色的圆形斑点，后病斑逐渐扩大呈深褐色并表现明显的同心轮纹，病果很快腐烂。

病菌以菌丝体和分生孢子器或子囊壳在病枝干上越冬。翌年春季从病组织产生孢子，成为初侵染源。分生孢子借雨水传播造成枝干、果实和叶片侵染。梨轮纹病在枝干和果实上有潜伏侵染的特性，尤其在果实上很多都是早期侵染、成熟期发病，其潜育期的长短主要受果实发育和温度的影响。一般落花后每一次降雨，即有一次侵袭；树体生长势弱的树发病重。

防治方法：加强栽培管理，增强树势，提高抗病能力。彻底清理梨园，春季刮除粗皮，集中烧毁，消灭病源；铲除初侵染源。

春季发芽前刮除病瘤，全树喷洒 5％安素菌毒清 100～200 倍液或 40％福星乳剂 2 000～3 000 倍液。生长季节于谢花后每半月左右喷一次杀菌剂，可用 50％多菌灵 600～800 倍液、70％甲基硫菌灵 800 倍液、40％福星乳剂 4 000～5 000 倍液、80％代森锰锌 800 倍液等，并与石灰倍量式波尔多液交替使用。

（4）白粉病　主要危害老叶，先在树冠下部老叶上发生，再向上蔓延。7 月开始发病，秋季为发病盛期。最初在叶背面产生圆形的白色霉点，继续扩展成不规则白色粉状霉斑，严重时布满整个叶片。生白色霉斑的叶片正面组织初呈黄绿色至黄色不规则病斑，严重时病叶萎缩、变褐枯死或脱落。后期白粉状物上产生黄褐色至黑色的小颗粒。

白粉病菌以闭囊壳黏附在落叶上及枝梢上越冬。子囊孢子通过雨水传播侵入梨叶，病叶上产生的分生孢子进行再侵染，秋季进入发病盛期。

防治方法：秋后彻底清扫落叶，并进行土壤耕翻，合理施肥，适当修剪，发芽前喷一次 3～5 波美度石硫合剂。加强栽培管理，增施有机肥，防止偏施氮肥，合理修剪，使树冠通风透光。

发病前或发病初期喷药防治。药剂可选用：0.2～0.3 波美度石硫合剂、70%甲基硫菌灵可湿性粉剂 800 倍液、15%三唑酮乳油 1 500～2 000 倍液、12.5%腈菌唑乳油 2 500 倍液。

（5）梨锈病 又称赤星病、羊胡子。侵染叶片也危害果实、叶柄和果柄。侵染叶片后，在叶片正面表现为橙色、近圆形病斑，病斑略凹陷，斑上密生黄色针头状小点，叶背面病斑略突起，后期长出黄褐色毛状物。果实和果柄上的症状与叶背症状相似，幼果发病能造成果实畸形和早落。

病菌以多年生菌丝体在桧柏类植物的发病部位越冬，春天形成冬孢子角，冬孢子角在梨树发芽展叶期吸水膨胀，萌发产生担孢子，随风传播造成侵染。桧柏类植物的多少和远近是影响梨锈病发生的重要因素。在梨树发芽展叶期，多雨有利于冬孢子角的吸水膨胀和冬孢子的萌发、担孢子的形成，风向和风力有利于担孢子的传播时，梨锈病发生严重。白梨和砂梨系的品种都不同程度感病，西洋梨较抗病。

防治方法：彻底铲除梨园周围 5.0 千米以内的桧柏类植物。对不能砍除的桧柏类植物要在春季冬孢子萌发前及时剪除病枝并销毁，或喷 1 次石硫合剂或 80%五氯酚钠，消灭桧柏上的病源。

喷药保护梨树。梨树从萌芽至展叶后 25 天内喷药保护。一般萌芽期喷布第一次药剂，以后每 10 天左右喷布一次。早期药剂使用 65%代森锌 400～600 倍液；花后用 200 倍石灰倍量式波尔多液、20%三唑酮 1 500 倍液、80%代森锰锌 800 倍液、12.5%腈菌唑可湿性粉剂 2 000～3 000 倍液。

（6）西洋梨干枯病 一般危害主干和主枝。首先在枝组的基部表现为红褐色病斑，随病斑的扩大，开始干枯凹陷，病健交界处裂开，病斑也形成纵裂，最后枝组枯死。其上的花、叶、果也随之萎蔫并干枯。病斑上形成黑色突起。

病菌以菌丝体或分生孢子、子囊壳在病组织上越冬，翌年春天病斑上形成分生孢子，借雨水传播，一般是从修剪和其他的机械伤口侵入，也能直接侵染芽体。往往是在主干或主枝基部发生腐烂病或干腐病后，树体或主枝生长势衰弱，其上的中小枝组发病较重。以秋子梨和洋梨系品种发生重，白梨系品种发病较轻，生长势衰弱的树发病较重。

防治方法：加强栽培管理，增强树势。加强树体保护，减少伤口。对修剪后的大伤口，及时涂抹油漆或动物油，以防止伤口水分散发过快而影响愈合；从幼树期开始，坚持每年树干涂白，防止冻伤和日灼。每年芽前喷石硫合剂，生长期喷施杀菌剂时要注意全树各枝上均匀着药。

（7）黄叶病 梨黄叶病属于生理病害，其中以东部沿海地区和内陆低洼盐碱区发生较重，往往是成片发生。症状都是从新梢叶片开始，叶色由淡绿变成黄色，仅叶脉保持绿色，严重时整个叶片黄白色，在叶缘形成焦枯坏死斑。发病新梢枝条细弱，节间延长，腋芽不充实。最终造成树势下降，发病枝条不充实，抗寒性和萌芽率降低。

形成这种黄化的原因是缺铁，因此又称为缺铁性黄叶。

防治方法：改土施肥，在盐碱地定植梨树，除大坑定植外，还应进行改土施肥。方法是从定植的当年开始，每年秋季挖沟，将好土和杂草、树叶、秸秆等加上适量的碳酸氢铵和过磷酸钙混合后回填。第一年改良株间的土壤，第二年沿行间从一侧开沟，第三年改造另一侧。平衡施肥，尤其要注意增施磷钾肥、有机肥、微肥。

叶面喷施300倍硫酸亚铁。根据黄化程度，每间隔7～10天喷1次，连喷2～3次。也可根据历年黄化发生的程度，对重病株芽前喷施硫酸亚铁 80～100 倍液。

（8）缩果病　梨缩果病是由缺硼引发的一种生理性病害。缩果病在偏碱性土壤的梨园和地区发生较重。在干旱贫瘠的山坡地和低洼易涝地容易发生缩果病。不同品种上的缩果症状差异也很大。在鸭梨上，严重发生的单株自幼果期就显现症状，果实上形成数个凹陷病斑，严重影响果实的发育，最终形成猴头果。在砂梨和秋子梨的某些品种上凹陷斑变褐色，斑下组织亦变褐木栓化甚至病斑龟裂。

防治方法：干旱年份注意及时浇水，低洼易涝地注意及时排涝，维持适中的土壤水分状况，保证梨树正常生长发育；对有缺硼症状的单株和园片，从幼果期开始，每隔 7～10 天喷施硼酸 300 倍液或硼砂溶液，连喷 2～3 次，一般能收到较好的防治效果，也可以结合春季施肥，根据植株的大小和缺硼发生的程度，单株根施 100～150 克硼酸或硼砂。

（9）褐斑病　褐斑病在叶片上单个病斑圆形，严重发生时多个病斑相连成不规则形，褐色边缘清晰，后从病斑中心起变成白至灰色，边缘褐色，严重发生能造成提前落叶。后期斑上密生黑色小点，为病原菌分生孢子器。

以分生孢子器或子囊壳在落地病叶上越冬，春天形成分生孢子或子囊孢子，借风雨传播造成初侵染。初侵染病斑上形成的分生孢子进行再侵染。再侵染的次数因降雨的多少和持续时间长短而异，5—7 月阴雨潮湿有利于发病。一般在 6 月中旬前后初显症状，7—8 月进入盛发期。地势低洼潮湿的梨园发病重，修剪不当、通风透光不良和交叉郁闭严重的梨园发病重，在品种上以白梨系雪花梨发病最重。

防治方法：冬季集中清理落叶，烧毁或深埋，以减少越冬病源；加强水肥管理，合理修剪，避免郁蔽，低洼果园注意及时排涝。

适时喷药保护。一般在雨季来临之前，结合轮纹病和黑星病的防治喷布杀菌剂。药剂可选用 1∶2∶200 倍波尔多液、25% 戊唑醇乳剂 2 000 倍液或 70％甲基硫菌灵可湿性粉剂 800 倍液、50％异菌脲 1 500 倍液、80％代森锰锌可湿性粉剂 800 倍液，交替使用。

（10）黑点病　主要发生在套袋梨果的萼洼处及果柄附近。黑点呈米粒大小到绿豆粒大小不等，常常几个连在一起，形成大的黑褐色病斑，中间略凹陷。黑点病仅发生在果实的表皮，不会引起果肉溃烂，贮藏期也不扩展和蔓延。

该病是由半知菌亚门的弱寄生菌——粉红聚端孢和细交链孢菌侵染引起的。该病菌喜欢高温高湿的环境。梨果套袋后袋内湿度大，特别是果柄附近、萼洼处容易积水，加上果肉细嫩，容易引起病菌的侵染。雨水多的年份黑点病发生严重；通风条件差、土壤湿度大、排水不良的果园以及果袋通透性差的果园，黑点病发生较重。

防治技术：选取建园标准高、地势平整、排灌设施完善、土壤肥沃且通透性好、树势强壮、树形合理的稀植大冠形梨园实施套袋；应选择防水、隔热和透气性能好的优质复色梨袋。不用通透性差的塑膜袋或单色劣质梨袋；冬、夏修剪时，疏除交叉重叠枝条，回缩过密冗长枝条，调整树体结构，改善梨园群体和个体光照条件，保证冠内通风透光良好；宜选择树冠外围的梨果套袋，尽量减少内膛梨果的套袋量。操作时，要使梨袋充分膨胀，避免纸袋紧贴果面。卡口时，可用棉球或剥掉外包纸的香烟过滤烟嘴包裹果柄，严密封堵袋口，防止病菌、害虫或雨水侵入；结合秋季深耕，增施有机肥，控制氮肥用量。土壤黏重梨园，可进行掺沙改土。7—8月降水量大时，注意及时排水和中耕散墒，降低梨园湿度。

套袋前喷布杀菌、杀虫剂：喷药时选用优质高效的安全剂型如代森锰锌、易保、氟硅唑、进口甲基硫菌灵、烯唑醇、多抗霉素、吡虫啉、阿维菌素等，并注意选用雾化程度高的药械，待药液完全干后再套袋。

（11）日烧病　高温干旱地区套袋梨果易发生日烧和蜡害现象，如涂蜡纸袋在强日光照射下，纸袋内外温差 5～10℃，袋内最高温可达 55℃以上，内袋出现蜡化，灼烧幼果表面，表现为褐色烫伤，最后呈黑膏药状,幼果干缩。应根据当地气候条件,稍晚一些套袋,预计在套袋后 15 天内不会出现高温天气时进行。套袋后及除袋前梨园浇一次透水,可有效防止日烧病及蜡害的发生,有日烧现象发生时应立即在田间灌水或树体喷水防除。

2. 主要虫害防治

(1) 梨木虱　主要寄主为梨树,以成、若虫刺吸芽、叶、嫩枝梢汁液进行直接危害;分泌黏液,使叶片出现褐斑而造成早期落叶造成间接危害,同时污染果实,影响品质。

在山东 1 年发生 4～6 代。以冬型成虫在落叶、杂草、土石缝隙及树皮缝内越冬,在早春 2—3 月出蛰,3 月中旬为出蛰盛期。在梨树发芽前即开始产卵于枝叶痕处,发芽展叶期将卵产于幼嫩组织茸毛内、叶缘锯齿间、叶片主脉沟内等处。若虫多群集危害,有分泌黏液的习性,在黏液中生活、取食及危害。直接危害盛期为 6—7 月,此时世代交替。到 7—8 月雨季,由于梨木虱分泌的黏液招致杂菌,致使叶片产生褐斑并霉变坏死,引起早期落叶,造成严重间接危害。

防治方法:彻底清除树下的枯枝落叶及杂草、刮除老树皮,消灭越冬成虫。

在 3 月中旬越冬成虫出蛰盛期喷洒菊酯类药剂 1 500～2 000 倍液,控制出蛰成虫基数;梨木虱防治的最关键时期在梨落花 80%～90%,即第一代若虫较集中孵化期,选用 20% 螨克(双甲脒)1 200～1 500 倍液、10% 高渗双甲脒 1 500 倍液、10% 吡虫啉 3 000 倍液、1.8% 阿维虫清(齐螨素)2 000～3 000 倍液、35% 赛丹 1 500～2 000 倍液等药剂喷施,发生严重的梨园可加入洗衣粉等助剂以提高药效。

(2) 梨二叉蚜　又名梨蚜,是梨树的主要害虫。以成虫、幼虫群居叶片正面危害,受害叶片向正面纵向卷曲呈筒状,被蚜虫危害后的叶片大都不能再伸展开,易脱落,且易招致梨木虱潜入。严重时造成大批早期落叶,影响树势。

梨蚜 1 年发生 10 多代,以卵在梨树芽腋或小枝裂缝中越冬,翌年梨花萌动时孵化为若蚜，群集在露白的芽上危害，展叶期集中到嫩叶正面危害并繁殖，5—6月转移到其他寄主上危害，到秋季9—10月产生有翅蚜由夏寄主返回梨树上危害，11月产生有性蚜，交尾产卵于枝条皮缝和芽腋间越冬。

防治方法：在发生数量不太大时，早期摘除被害叶，集中处理，消灭蚜虫。于春季花芽萌动后、初孵若虫群集在梨芽上危害或群集叶面危害而尚未卷叶时喷药防治，可以压低春季虫口基数并控制前期危害。用药种类：10%吡虫林可湿性粉剂3 000倍液、20%杀灭菊酯2 000～3 000倍液、24%万灵水剂1 000～1 500倍液、2.5%功夫乳油药剂3 000倍液等。

（3）山楂叶螨　又名山楂红蜘蛛，在我国梨和苹果产区均有发生。成螨、若螨和幼螨刺吸芽、叶和果的汁液，叶受害初期呈很多失绿小斑点，渐扩大成片，严重时全叶焦枯变褐，叶背面拉丝结网，导致早期落叶，消弱树势。

北方梨区1年发生5～9代，均以受精的雌成螨在树体各种缝隙内及树干附近的土缝中群集越冬。果树萌芽期，开始出蛰。出蛰后一般多集中于树冠内膛局部危害，以后逐渐向外膛扩散。常群集叶背危害，有吐丝拉网习性。山楂叶螨第一代发生较为整齐，以后各代重叠发生。6—7月高温干旱，最适宜山楂叶螨的发生，数量急剧上升，形成全年危害高峰。进入8月，雨量增多，湿度增大，其种群数量逐渐减少。一般于10月即进入越冬场所越冬。

防治方法：结合果树冬季修剪，刮除枝干上的老翘皮，并耕翻树盘，可消灭越冬雌成螨；保护利用天敌是控制叶螨的有效途径之一。

药剂防治关键时期在越冬雌成螨出蛰期和第一代卵和幼、若螨期。药剂可选用50%硫悬浮剂200～400倍液、20%螨死净悬浮剂2 000～2 500倍液、5%尼索郎乳油2 000倍液、15%哒螨灵乳油2 000～2 500倍液、25%三唑锡可湿性粉剂1 500倍液、喷药要细致周到。

（4）茶翅蝽　在东北、华北、华东和西北地区均有分布，以成虫和若虫危害梨、苹果、桃、杏、李等果树及部分林木和农作物，近年来危害日趋严重。叶和梢被害后症状不明显，果实被害后被害处木栓化，变硬，发育停止而下陷，果肉微苦，严重时形成疙瘩梨或畸形果，失去经济价值。

此虫在北方1年发生1代，以成虫在果园附近建筑物上的缝隙、树洞、土缝、石缝等处越冬，一般5月上旬开始出蛰活动，6月始产卵于叶背，卵多集中成块。6月中下旬孵化为若虫，8月中旬为成虫盛期，8月下旬开始寻找越冬场所，到10月上旬达入蛰高峰。成虫或若虫受到惊扰或触动即分泌臭液，并逃逸。

防治方法：在春季越冬成虫出蛰时和9、10月成虫越冬时，在房屋的门窗缝、屋檐下、向阳背风处收集成虫；在成虫产卵期，收集卵块和初孵若虫，集中销毁；实行有袋栽培，自幼果期进行套袋，防止其危害。

在越冬成虫出蛰期和低龄若虫期喷药防治。药剂可选用：50％杀螟松乳剂1 000倍液、48％毒死蜱乳剂1 500倍液或20％氰戊菊酯乳油2 000倍液、5％高氯·吡乳油1 000～1 500倍液，连喷2～3次，均能取得较好的防治效果。

（5）康氏粉蚧 1年发生3代，以卵及少数若虫、成虫在被害树树干、枝条、粗皮裂缝、剪锯口或土块、石缝中越冬。翌春果树发芽时，越冬卵孵化成若虫，食害寄主植物的幼嫩部分。第一代若虫发生盛期在5月中下旬，第二代若虫发生在7月中下旬，第三代若虫发生在8月下旬。9月产生越冬卵，早期产的卵也有的孵化成若虫、成虫越冬。成虫雌雄交尾后，雌虫爬到枝干、粗皮裂缝或袋内果实的萼洼、梗洼处产卵。产卵时，雌成虫分泌大量棉絮状蜡质卵囊，卵产于囊内，一雌成虫可产卵200～400粒。

防治技术：冬春季结合清园，细致刮皮或用硬毛刷刷除越冬卵，集中烧毁；或在有害虫的树干上，于9月绑缚草把，翌年3月将草把解下烧毁。

喷药要抓住3个关键时期：

①在3月上旬。先喷80倍的机油乳剂＋35％硫丹600倍液，

3 月下旬至 4 月上旬喷 3～5 波美度的石硫合剂。在梨树上喷这两次药最重要，可兼杀多种害虫的越冬虫卵，减少病虫的越冬基数。

②在 5 月下旬至 6 月上旬，第一代若虫盛发期，及 7 月下旬至 8 月上旬第二代若虫盛发期。可用 25％扑虱灵粉剂 2 000 倍、50％敌敌畏乳油 800～1 000 倍液、20％害扑威乳油 300～500 倍液、20％氰戊菊酯乳油 2 000 倍液、25％噻虫嗪水分散颗粒剂 5 000 倍液、48％毒死蜱乳油 1 200 倍液、52.25％农地乐乳油 1 500 倍液、99.1％加德士敌死虫 500 倍液、2.5％歼灭乳油 1 500 倍液，效果都很好。

③10 月下旬。在树盘距干 50 厘米半径内喷 52.25％农地乐乳油 1 000 倍液。

(6) 梨茎蜂　又名折梢虫、截芽虫等，其主要危害梨。成虫产卵于新梢嫩皮下刚形成的木质部，从产卵点上 3～10 毫米处锯掉春梢，幼虫于新梢内向下取食，致使受害部枯死，形成黑褐色的干橛，梨茎蜂是危害梨树春梢的重要害虫，影响幼树整形和树冠扩大。

梨茎蜂 1 年发生 1 代，以老熟幼虫及蛹在被害枝条内越冬，3 月上中旬化蛹，梨树开花时羽化，花谢时成虫开始产卵，花后新梢大量抽出时进入产卵盛期，幼虫孵化后向下蛀食幼嫩木质部而留皮层。成虫羽化后于枝内停留 3～6 天才于被害枝近基部咬一圆形羽化孔，于天气晴朗的中午前后从羽化孔飞出。成虫白天活跃，飞翔于寄主枝梢间；早晚及夜间停息于梨叶反面，阴雨天活动甚差。梨茎蜂成虫有假死性，但无趋光性和趋化性。

防治方法：结合冬季修剪剪除被害虫梢。成虫产卵期从被害梢断口下 1 厘米处剪除有卵枝段，可基本消灭。生长季节发现枝梢枯橛时及时剪掉并集中烧毁，杀灭幼虫；发病重的梨园，在成虫发生期，利用其假死性及早晚在叶背静伏的特性，振树使成虫落地而捕杀。喷药防治抓住花后成虫发生高峰期，在新梢长至 5～6 厘米时可喷布 20％杀灭菊酯 3 000 倍液或 80％敌敌畏 1 000～1 500 倍液、5％高氯·吡乳油 1 000～1 500 倍液等。

(7) 黄粉虫 以成虫、若虫群集于果实萼洼处危害，被害部位开始时变黄，稍微凹陷，后期逐渐变黑，表皮硬化，龟裂成大黑疤，或者导致落果。有时它也刺吸枝干嫩皮汁液。

1 年发生 8~10 代，以卵在果台、树皮裂缝、老翘皮下、枝干上的附着物上越冬，春季梨树开花时卵孵化为干母，若蚜在翘皮下嫩皮处刺吸汁液，羽化后繁殖。6 月中旬开始向果转移，7 月集中于果实萼洼处危害。8 月中旬果实近成熟期，危害更为严重。8、9 月出现有性蚜，雌雄交配后陆续转移到果台、裂缝等处产卵越冬。梨黄粉蚜喜欢隐蔽环境，其发生数量和降雨有关。持续降雨不利于它的发生，而温暖干旱对发生有利。黄粉蚜近距离靠人工传播，远距离靠苗木和梨果调运传播。

防治技术：冬季刮除粗皮和树体上的残留物，清洁枝干裂缝，以消灭越冬卵；注意清理落地梨袋，尽量烧毁深埋；剪除秋梢，秋冬季树干刷白；梨树萌动前，喷 5 波美度石硫合剂 1 次，可大量杀死黄粉蚜越冬卵。

4 月下旬至 5 月上旬，黄粉蚜陆续出蛰转枝，但此期也是大量天敌上树定居时期，须慎重用药，最好用选择性杀虫剂如 50% 辟蚜雾水分散粒剂 3 000 倍液。5 月中下旬、7—8 月做好药剂防治。常用药剂及浓度：80% 敌敌畏乳油 2 000 倍液，2.5% 敌杀死乳油 3 000~4 000 倍液，90% 敌百虫 1 000 倍液，20% 杀灭菊酯乳油 3 000~4 000 倍液，10% 吡虫啉乳油 3 000 倍液，15% 抗蚜威 1 500 倍液。

（六）采收与采后处理

1. 采收

梨的采收应遵循"适时无伤、分期采收"的原则。采收过早，则果实个头小，产量低，含糖量低，品质差，黄金梨等品种贮藏期间容易出现黑皮；采收过晚，则贮藏期较短，鸭梨、黄金梨等容易黑心。贮藏用果应遵循"晚采先销（即晚采短贮）、早采晚销（即早采长贮）"的原则。

梨的采收应在晴天的早晚（上午6～10时和下午3～6时），阴天时可全天采收，以减少果实携带的田间热，降低果实呼吸强度。采前1周梨园应停止灌水，避免雨天采摘或雨后立即采摘，如遇雨天，建议雨后2～3天采摘。要求人工采摘，轻拿轻放，避免机械损伤。部分果皮较薄、容易发生刺伤的品种如绿宝石梨、黄金梨等应将果梗适当剪短。用于长期贮存或长途运输的梨，应根据成熟度分批采收。分批采收应从适宜采收初期开始，分2～3批完成。分批采收有利于提高果实均匀度、果品质量和产量。

梨果实接近成熟时，果梗产生离层，易于和果台分离，采摘时注意勿使果梗脱落或折断。无柄果一则品级降低，二则为微生物提供了入侵果实的通道，感染病害造成腐烂。采收前，采收人员应剪平指甲，用手掌将果实向上托，果梗即与果枝分离，采收过程中要做到"四轻"，即轻摘、轻放、轻装、轻卸，避免造成"四伤"，即指甲伤、碰压伤、果柄刺伤和摩擦伤，避免微生物从伤处侵入而感染病害。梨果实皮薄，特别是套袋果，果实未经阳光照射，果皮皮孔小、细腻，特别容易受到机械伤害。黄金梨产地的果农采用带果袋采摘、用分级机分级，入库后或出库时，再拆袋分级包装，有效减轻了机械损伤。

2. 机械化分级、包装

（1）分级　分级就是按一定的品质标准将果品分成相应的等级。分级目的是区分和确定果品质量，以利于以质论价、优质优价及果品销售质量标准化。梨分级一般按国家和行业有关等级标准执行。有时由于贸易需要，根据目标市场和客户要求进行分级。分级分为手工分级和机械分级两种方法。采用手工分级时，分级人员应预先熟悉和掌握分级标准。手工分级可减少分级过程中对果实造成的机械伤害，但效率低、误差较大。

机械分级可与其他商品化处理结合进行，根据果实的尺寸、重量和颜色自动分级。机械分级效率和精确度高，是现代果品营销中常用的分级方法，但易造成较多机械伤，投资成本高。在国外发达国家的果实分级，已实现机械化和自动化，有各种各样的分级机。

一般圆形的果实，按直径大小分级，椭圆形和其他形状的果实，多按重量分级，有的还用光电设备对果实的着色度进行分级。目前国内高档和外销的果品已采用国产或引进的果品分级设备。山东胶东半岛梨产区对黄金梨等品种不进行摘袋采收和分级，一定程度减少了机械损伤。

（2）包装　果实包装是梨商品化处理不可缺少的重要环节，是使果品标准化、商品化、保证安全运输和贮运的重要措施。良好的包装可以减少产品的摩擦、碰撞和挤压造成的机械伤，防止产品受到尘土和微生物等不利因素的污染，减少病虫害的蔓延和水分蒸发，缓冲外界温度剧烈变化引起的产品损失。包装可以使果品在流通中保持良好的稳定性，美化商品，提高梨的商品率、商品价格和卫生质量，改变以前的"一流的原料、二流的包装、三等的价格"的不合理状况，增加果品的商品附加值。

①对于梨的包装。必须满足轻便、坚固、耐用的要求，有足够的机械强度，能承受一定的压力，以便于在装卸运输和堆放过程中能保护内装的产品。

②外包装。果品的外包装种类很多，目前梨的包装有筐、木箱、瓦楞纸箱、泡沫保温箱、塑料周转箱等。

瓦楞纸箱：这是目前世界范围内贮藏和销售最常用的外包装之一。有以下优点：可以工业化制造，品质有保证；自身重量较轻，使用前可折叠平放、占用空间小且便于运输；具有缓冲性、隔热性以及较好的耐压强度，容易印刷，废旧品处理方便；大小规格一致，包装果实后便于堆码，在装卸过程中便于机械化作业。

瓦楞纸箱从结构上分有单瓦楞、双瓦楞和三层瓦楞等几种，可根据不同果品对强度的不同要求加以选用。纸箱的缺点是抗压力较小，贮藏环境湿度大时容易吸潮变形。生产上用加刷防潮膜和加厚瓦楞等措施增加其抗压防潮性。

泡沫塑料箱：具有良好隔热性和缓冲性，而且重量轻，成本较低。与材料厚度相同的瓦楞纸箱相比，泡沫塑料箱的隔热性能为瓦楞纸箱的 2 倍以上。泡沫塑料箱主要用于水果预冷后的保温运输，而不适用于低温冷藏和气调贮藏，这是因为泡沫塑料箱具有高气密性和高隔热性，果品产生的呼吸热不能迅速从包装内散出与库内的冷空气交换，产生局部高温环境，加快了果实的衰老。

塑料周转箱：主要材料是高密度聚乙烯或聚苯乙烯。其特点是规格标准，结实牢固，重量轻，抗挤压、碰撞能力强，防水，不易吸潮，不易变形，便于果品包装后的向上堆码，有效利用贮运空间。在装卸过程中便于机械化作业，外表光滑，易于清洗，可重复利用，是较理想的贮运包装之一，在冷库尤其是气调贮运中使用较多。

③内包装。

单果包装：用纸、塑料薄膜或泡沫网套包装单个果实，然后放入包装容器中。单果包装可以减少磕碰、挤压造成的损伤，减少果实的机械伤和病原菌的传染和蔓延，还可起到保湿和一定的气调作用，缺点是比较费工和消耗材料。

抗压托盘：抗压托盘上具有一定数量的凹坑，凹坑的大小和形状根据果实来设计，每个凹坑放置一个果实，果实层与层之间由抗压托盘隔开，可有效地减少果实的损伤。

塑料薄膜袋包装：可以减少果实水分损失，防止果皮萎蔫失水和果病的互相传染。不同配方研制的塑料薄膜袋具有不同的厚度和透气性。利用不同透气性，调节袋内的气体组成，具有调气作用的塑料薄膜袋包装又称 MA 包装或微气调袋。

填充物：除了上述外包装和内包装外，包装箱内加入起缓冲作用的填充物也是一种不可缺少的辅助性包装。使用填充物的目的在于吸收振动冲击的能量，减轻外力对内容物的影响。使用的填充物要符合柔软、干燥、不吸水、无异味等要求。常用的衬垫物有蒲包、塑料薄膜、碎纸、牛皮纸等。

3. 预冷

预冷是将梨在运输或贮藏之前进行适当降温处理的一种措施，是做好贮运保鲜工作的第一步，也是至关重要的一步。预冷不及时或不彻底，都会增加果品的采后损失。其原因是水果采后带有大量的田间热，果实呼吸旺盛，又产生大量的呼吸热，品温较高，如不及时冷却，将会加速果实成熟和衰老，影响贮运，严重时还会造成腐烂。如巴梨采后 2 天预冷可贮藏 120 天；采后 4 天预冷只能贮藏60 天。

此外，未经预冷的果品直接进入冷库，也会加大制冷机的热负荷量，当果蔬品温为 20℃时装车或入库，所需排除的热量为 0℃的40～50 倍，为了最大限度地保持果实的新鲜品质和延长货架寿命，预冷最好在产地进行，而且越早越好。

(1) 自然降温冷却　自然降温冷却是一种简便易行的预冷方式。将采收的果品放在阴凉通风的地方，如果园里的树荫下、房屋的背阴处、通风良好的房间内等，让其自然降温。

(2) 水冷法　水冷法是将果实放入冷却水中降温的方法。冷却水有低温水（一般在 0～3℃）和自来水两种，为提高冷却效果，可以用制冷水或加冰的低温水处理。水冷法降温速度快、成本低，但要防止冷却水对果实的污染。小规模生产可以用手工操作，较大规模处理时可以使用冷水预冷设备。

(3) 风冷法　风冷法又可分为库内预冷法和强制通风预冷法、压差通风预冷法等。

①库内预冷法。也称为冷库冷却法，是将装有水果的容器放在冷库内，依靠冷风机吹出的冷风进行冷却的方法，该方法简单易行，但冷却速度较慢，一般需要 24 小时以上。有的冷库甚至需要数天才能降到要求的贮藏温度。预冷期间，库内要保证足够的湿度；果垛之间、包装容器之间都应该留有适当的空隙，特别是采用塑料膜袋包装的，应打开袋口，保证气流通过。目前我国多数冷库没有专用的预冷设施，主要是在冷库内利用风机预冷。

②强制通风预冷法。是在库内预冷的基础上发展起来的一项预冷技术。指在具有较大制冷内力和送风量的冷库或其他设施中，用冷风直接冷却装在容器中水果的方法。由于空气流动量增大，与库内预冷法相比，明显加大了水果的冷却速度。一般强制通风预冷法冷却所用的时间比一般冷却预冷要少 4～10 倍。

③压差预冷法。是在强制通风预冷法基础上改进的一种预冷方法。将压差预冷装置安放在冷库中，当预冷装置中的鼓风机转动时，冷库气体被吸入预冷箱内，产生压力差，将产品快速冷却。预冷时，将箱子孔对孔堆叠排列，用抽风机或风扇强制性地抽吸或吹进冷空气，箱子两端形成压力差，使冷空气有效地流进箱内，可以明显提高水果的预冷速度。压差预冷法与强制通风预冷法相比，改进之处在于，在货堆的上方容易造成冷风短路的地方加了挡板，促使冷风通过指定路径流向果箱内，明显提高了通过被预冷物的有效风量，加快了预冷速度。此预冷法一般可在 5～7 小时内将果温从 30℃左右降到 5℃左右。

4. 贮藏保鲜技术

（1）改良地沟贮藏保鲜技术　沟藏是山东烟台果品产区广泛应用于梨的传统贮藏方法。改良地沟贮藏技术是在传统地沟贮藏技术的基础上改进而成的。主要区别在于将沟址从露天向阳转移到背阴处，沟盖做成活动式，把水银温度表改成数字式自动测温表。

改良地沟建造：选择干燥背阴的地方（如房屋背阴处），沿东西方向挖地沟，沟宽 1～1.5 米，沟内两边可各放一排筐或箱，中间留人行过道。沟深 1～1.5 米，以沟内摞放 2～3 层筐或箱为宜，气温特别低的地区可适当加深，反之可以浅些。沟长一般在 30 米以内，沟与沟之间留出适当的距离，以方便操作。雨雪较多时，在沟两侧挖排水沟排水。土壤疏松，可单砖垒壁，以防倒塌。在沟南堆土或垒墙，以遮挡阳光直射。沟四周边沿应高出地面，防止雨雪水流入，沟顶用树枝、木杆、竹竿搭成马鞍形架棚，用保温性能好的厚草帘盖严，以保温防雨雪。在阳面留门，阴面留窗，两头留气眼。

改良地沟贮藏果品，需配置多点（有多只温度传感器）测温仪表。一条改良地沟，可配置一台 2 点（有 2 只温度传感器）测温仪表，测温仪表可安装在居室或办公室内，两只温度传感器可在距测温仪表 200 米以内任意安放，最好是在沟外设一外界温度观测点，在办公地观看温度传感器所在点的温度值，确定地沟管理方案。如果同时管理两条地沟，则需配置一台 3 点（有 3 只温度传感器）测温仪表，以此类推。配置测温仪表的测点时，一定要配置沟外观测点，即定标点。

夜间外界温度低于沟内温度时，把沟盖打开，清晨外界温度开始升高时把沟盖盖上，以便在入贮初期的 2 个月中充分利用夜间低温。实践证明，改良地沟比传统的地沟可多降温 5℃以上，多点测温仪表比传统的测温仪表省工省时，精确度由 1℃温差降低到 0.3～0.5℃温差。梨在入贮后的 2 个月内，沟温可以从 15～18℃ 降至 5～10℃。而温度在 10℃以下，就为采用塑料小包装贮藏提供了安全保证。因此，加塑料小包装贮藏果品是改良地沟的又一特点。改良地沟降低了温度，结合运用塑料小包装，就可以成功地贮藏中熟品种。克服了传统的沟藏只能贮藏晚熟品种且早衰失水严重的缺点，使保鲜效果大为提高，适于农户小规模分散贮藏，也可用于电力条件不足、机械化冷库建造困难的地区贮藏。

（2）改良通风库贮藏技术　改良式通风库分为地上式、半地下式和地下式 3 种。地上式通风库，库体在地面以上，受气温影响很大。半地下（或 2/3 地下）式通风库，库体一部分建在地面以下，库温既受气温影响，又受土温影响，是华北和辽宁等地普遍采用的一种贮藏类型。地下式通风库，库体全部建在地下，库温主要受地温的影响，受气温影响很小，适合于北方庭院和冬季严寒的地区。在冬季比较寒冷的地区贮藏，应选用改良式地下或半地下通风库。为管理方便，可在果园地头或庭院内建库，甚至可在建住房时把地下室设计成通风贮藏库。

操作管理技术：果实适时、无伤采收，剔除病虫果，包装后入库。气温高的时段采收的果实要经夜间在室外预冷后再入库。改良式通风库由自然冷源降温自动调控系统自动检测库内外温度及温差，根据库内外气温差，自动控制库内的通风降温或保温。无自控系统时，由人工操作。贮藏初期白天气温较高、夜间有较多的冷凉空气，这期间的关键措施是引入冷空气降低库温，特别注意每次通风降温停止后，应及时关闭库门及通风口，防止冷热空气的交换。

大部分观测和操作需在夜间或凌晨进行，要特别注意避免人工操作误差。贮藏中期为寒冷季节，这期间主要防止果品受冻，随时观察库内外温度变化情况，必要时在晴朗白天进行适当通风换气，以保持所需低温和排出不良气体。贮藏后期，库温随外界气温升高而回升，这时的管理与初期相同。在我国北方大部分地区，10 月中旬以后的夜间，存在 10℃以下的低温冷源，如能充分利用，可使库温降至 10℃以下。11 月中旬后，可使库温降至 0℃，靠自然冷源保持 0℃的时间可达 110 天左右。

5. 冷藏

普通冷库冷藏，也称机械冷藏，一般是泛指含有机械制冷系统的贮藏设施。是在有良好隔热效能的库房中配置机械制冷系统，它与地沟、通风库不同的是可以根据不同种类果品的保鲜要求，通过机械对制冷剂的作用，控制库内的温度和湿度，可周年贮藏果品。普通冷库就是制冷系统、制冷剂和贮藏库三者配合的贮藏设施。

普通冷库按库容量大小分为大型库、中型库和小型库。传统习惯是把库容量 1 000 吨以上的称为大型库，库容量小于 1 000 吨而大于 100 吨的称为中型库，库容量 100 吨以下 20 吨以上称为小型库，库容量 20 吨以下的称为微型库。

挂机自动冷库是制冷和控制装置采用挂装形式，并完全自动化运行的一种新型冷库。挂机自动冷库在热工性能良好的库体基础上又采用了高效节能的涡旋式制冷压缩机和减小制冷管道耗能的方法，运行总能耗比一般冷库低。山东地区用挂机自动冷库冷藏梨，实测能耗是：10 吨库 2 000～3 000 千瓦时，20 吨库 4 000～5 000 千瓦时，50 吨库 6 000～9 000 千瓦时，100 吨库 10 000～13 000 千瓦时；环境温度最高时日能耗：10 吨库 30 千瓦时，20 吨库 40 千瓦时，50 吨库 80 千瓦时，100 吨库 120 千瓦时。环境温度低于 10℃时的春、秋、冬季日能耗平均：10 吨库 5 千瓦时，20 吨库 8 千瓦时，50 吨库 10 千瓦时，100 吨库 18 千瓦时。

挂机自动冷库比同容量活塞式制冷机组的冷库提高制冷效率 12％以上，比大中型冷库单元降低造价 20％以上，同时减少管理用工，提高保鲜效益。分散的园区和一般农户，以 10 吨、20 吨容量单元为宜，集中园区和经营大户以 10 吨、20 吨、50 吨至 100 吨容量单元采取不同比例组合为宜。例如，一个农村的果蔬基地，建设冷库总容量 200 吨，按 100 吨 1 间、50 吨 1 间、20 吨 2 间、10吨 1 间组合成小冷库群，其中 1 间 20 吨容量的冷间加大制冷量作为预冷间，配置一座移动式自动冷库作冷链预冷库或运输车。采收的产品首先进入移动式自动冷库预冷或入预冷间预冷，然后运销或入冷藏间冷藏后待运销。由于及时地进入保鲜链系统，产品能更好保持优良的新鲜品质和营养价值。实验证明，运用挂机自动冷库群及时预冷的果品能延长保鲜期 30% 以上。可灵活运用不同容量的冷间，不同时间采收不同产品，避免不同种类和品种、不同成熟度的产品在一个冷间内相互影响。

（1）梨果适宜的贮藏条件　商业贮藏中，梨适宜的贮藏温度为 $-0.5 \sim 0℃$、湿度为 90%。果品冷库贮藏梨的主要管理技术是调节库内温度、湿度和通风换气。

梨不同品种对温度、气体成分的要求存在很大差异，具体进行贮藏保鲜时，要了解梨品种的生理特性，主要梨品种的适宜贮藏条件见表 2-3。

表 2-3　主要梨品种的适宜贮藏条件

品　种	推荐温度（℃）	推荐气体组合	
		O_2（%）	CO_2（%）
鸭　梨	$10 \sim 12 \rightarrow 0$	$10 \sim 12$	< 0.7
莱阳茌梨	$0 \sim -1$	$3 \sim 5$	$1 \sim 2$
黄县长把梨	$5 \rightarrow 0 \sim -1$	$5 \sim 6$	1
库尔勒香梨	$0 \sim -1$	$3 \sim 5$	$1 \sim 2$
京白梨	$0 \sim -1$	$3 \sim 5$	$2 \sim 4$
雪花梨	0	$12 \sim 15$	< 0.2
早酥梨	0 ± 1	$5 \sim 6$	$1 \sim 2$ 或 $3 \sim 4$
砀山酥梨	0	$5 \sim 7$	$1 \sim 2$

（续）

品　种	推荐温度（℃）	推荐气体组合	
		O_2（%）	CO_2（%）
红香酥梨	0±0.5	3～5	2～3
锦香梨	0	3～5	0～5
皇冠梨	0±1	3～4	1～2
日本三水梨*	0～－1	3～5	≤1
水晶梨	0	2～3	3～4
绿宝石梨	0±1	5～7	1～3
黄金梨	0～2	2～4	<0.5
巴梨	0	2～3	3～4
安久梨	0～－1	1.5～2.5	≤1
玉露香	0～－1	3～5	2～3

＊三水指丰水、幸水、新水。

（2）贮藏期管理

①温度管理。果实的冰点温度是确定贮藏温度的关键，一般认为，略高于冰点的温度是梨果最理想的贮藏温度，白梨系统和砂梨系统冰点为－1.5℃左右（可溶性固形物含量高低影响冰点温度高低），适宜贮藏温度一般为0～－1℃。大多数西洋梨和秋子梨系统适宜贮藏温度为－1～0℃，西洋梨只有在－1℃时才能明显的抑制后熟，延长贮藏寿命。有些品种如鸭梨对低温比较敏感，采后立即在0℃下贮藏易发生冷害，采用采后入库温度10～12℃，每3天左右降1℃，30天左右降至0℃，并保持此温度直至贮藏结束。也可采用两阶段降温法，即10℃入库保持10天，而后，降至3～4℃保持10天，最后降至0℃直至贮藏结束。

贮藏梨果时，要注意防止温度波动，温差变化过大，反而会引起梨果实呼吸强度增加，并且容易诱发生理病害。梨果除个别对初期低温敏感的品种外，大多数品种预冷后入库有利于迅速进入适宜的贮藏环境，入库期间库房温度避免出现大的波动，库房贮满后，要求48小时内进入技术规范要求的状态，并保持此温度直至贮藏结束。贮藏期间，对库房温度进行连续或间歇测定，测温仪器的精度不得小于0.5℃，库温波动范围应在±0.5℃范围内。库房冷风机最大限度地使库内空气温度分布均匀，缩小温度和相对湿度的空间差异。

②湿度管理。梨果实皮薄，容易失水皱皮。梨贮藏适宜的相对湿度是85%～95%。在较高湿度下可阻止果实水分蒸发，降低自然消耗，梨失水达5%～7%，则出现皱缩而影响外观。库内保持高湿度环境，应以保湿为主，加湿为辅。保湿是采用包装、覆盖等措施保护果实水分不散失，如对于二氧化碳较不敏感的品种采用单果纸（尤其是蜡纸）、塑料薄膜包装、贮藏箱内衬薄膜或塑料小包装、果箱覆盖塑料薄膜等，基本可解决果实的失水问题。对于气调库内湿度调节采用加湿器加湿的办法，以入贮1周之后启用为宜，开启程度和每天开机时间视监测结果而定。选择加湿器应选用喷雾效果好的种类，最好是以湿润空气的方式加湿效果最好，如湿膜加湿、高压微雾加湿等，减少水滴的形成。对于用清水喷洒地面的增湿方法，最好不采用，一是梨果本身没有吸水功能，二是洒在地面的水分易通过冷风机吸附到蒸发器或排管上形成霜层，洒水越多，霜层积累越厚，风机进行冲霜、化霜，影响库温稳定性，温度波动会增加，果实呼吸强度增加，加重水分的散失和容易诱发生理病害。

6. 气调贮藏

果蔬类鲜活食品的变质，主要来自它们的呼吸和蒸发、微生物生长、食品成分的氧化或褐变等作用，而这些作用与果品贮藏的环境气体有密切的关系，如氧气、二氧化碳、水分、温度等，如果能控制果品贮藏环境气体组成就能控制果品的呼吸和蒸发，抑制微生物的生长，减轻果实的氧化或褐变，从而达到延长果品保鲜期的目的。气调贮藏就是在适宜的温度下，改变冷藏环境中的气体成分，主要是抑制氧气和二氧化碳的浓度，使果品获得保鲜并达到延长贮藏期的目的。

（1）气调贮藏保鲜类型

①标准气调。又称常规气调、调节气体贮藏，简称CA（Controlled Atmosphere Storage），是利用机械方式调控贮藏环境的气体（如氧气、二氧化碳）、温度和代谢次生气体（如乙烯、乙醇、其他香味物质等）。CA 保鲜气体指标一般为：氧气 2%～3%，二氧化碳 2%～3%。要求气体浓度控制精度较高，一般误差小于±1%。发达国家苹果、梨（主要是西洋梨）、猕猴桃等的长期贮藏主要采用气调库贮藏。目前，我国商业气调库贮藏的水果主要有苹果、梨、猕猴桃等，其他的水果气调贮藏比例不大。

②自发气调。又称限制性气调，简称 MA（Modified Atmosphere Storage），是生物呼吸能的有效利用方式。借助气密性材料的选择透气性，呼吸消耗，降低贮藏环境中（如袋内、帐内）氧气含量，提高二氧化碳含量。反过来利用低氧加高二氧化碳协同效应，抑制果实的呼吸强度，减少果实呼吸消耗，达到延缓衰老的目的。MA 保鲜技术，不规定严格的氧和二氧化碳等气体指标，贮藏过程一般不进行人工调节。贮藏环境中（如袋内、帐内）氧气和二氧化碳浓度自发变动，但对某些不耐低氧或高二氧化碳的果实允许开袋放气，或辅以气体辅助调节措施（如袋或帐内放置消石灰吸收二氧化碳、放置高锰酸钾消除乙烯等）防止气体伤害。库尔勒香梨采用 0.04 毫米 PE 袋或 0.04 毫米 PVC 袋扎口自发气调包装，袋内 O_2 和 CO_2 浓度维持在 O_2：14.5%～17.0%，CO_2：2.5%～3.0%时，起到较好的保鲜效果，乙烯浓度对其保鲜效果影响较小。

③变动气调。是指贮藏期间温度、湿度、气体等指标均在不断变化的一类 MA 保鲜技术。它与 MA 概念相似，但更强调贮藏环境的多变性。

④柔性气调。既具备 CA 保鲜技术的特征，又兼有生物气调的功能。主要是利用柔性密封空间、柔性密封材料、柔性密封结构等多种柔性特征，对温度、湿度、库体压力、气体和代谢次生气体进行调控。既可利用机械装置快速调控各种保鲜指标，又可利用柔性密封材料的选择透性，通过不同层次的选择，使二氧化碳缓慢扩散和使氧气透入。投资少、节能，既可以建库又能利用冷藏库升级气调库，适合于我国国情。

不同的梨品种对气体的敏感性不同，在应用不同的气调方法时应做好试验，找出最佳气体组合，试验成功后再推广应用。白梨和砂梨系统的多数品种对二氧化碳较敏感，以前以为不适宜气调贮藏。通过研究和实践发现，气调贮藏对于延长梨果贮藏，减少贮藏过程中的生理病害作用十分明显。如鸭梨在氧气 7%～10% 和二氧化碳为 0 的条件下，可以显著降低果实晚期黑心病的发病率，维持较高果肉硬度和可滴定酸，延长货架寿命。在 0℃ 条件下，用生理小包装袋（透湿性 PVC 膜）贮藏绿宝石梨、玛瑙梨等中早熟品种能贮藏 7 个月。黄县长把梨、茌梨、库尔勒香梨、京白梨、秋白梨、新梨 7 号等品种对二氧化碳有一定耐受力，可以进行气调贮藏或简易气调贮藏。黄金梨等日韩梨更宜利用气调库贮藏，出口创汇。

（2）气调库贮藏保鲜的要点　常规气调库不仅在贮藏条件、库房结构和设备配置等方面不同于普通冷藏库，而且对运行管理的要求要严格得多。

①适时采摘。与普通冷藏和简易气调贮藏相比，气调贮藏对果品适宜采收期的要求更为严格，这是因为气调贮藏一般作为果品的长期贮藏。过早采摘，果实成熟度偏低，品质风味差，容易失水，贮藏过程中容易发生生理病害；采摘过晚，品质风味虽好，但不适合长期贮藏。果品的最佳采摘期，可以通过色泽、硬度、含糖量、含酸量及淀粉含量等指标进行综合评定。有条件的还可以通过测定果实乙烯释放量来判断果实成熟度。

②及时入库。果品的收获期集中，入库时工作量很大，必须做好周密的计划和安排，做到采收后及时入库。入库前进行空库降温。在气调间进行空库降温和入库后的预冷降温时，应注意保持库内外压力平衡，不能封库降温，只能关门降温。尤其是入库后的降温，一定要等果实温度和库温达到并基本稳定在贮藏温度时才能封库。封库调气，一般来讲，气调间的降氧速度越快越好。考虑到降氧的同时也应使二氧化碳浓度升高到最佳指标，而二氧化碳浓度的增加，主要靠果实自身的呼吸，所以常常采用初期调氧气比例要比要求提高 2～3 个百分点，再利用果实的呼吸消耗掉多余氧气。

③温度管理。果实入库前，应提前5～7天开机降温，使库温达到梨贮藏温度要求，分批入库，每次入库量为1/10～1/8，库房贮满后，要求48小时内进入技术规范要求的状态，并保持此温度直至贮藏结束。

④湿度管理。气调库内对湿度的要求严格。对于气调库内湿度调节采用加湿器加湿的办法，以入贮1周之后启用为宜，开启程度和每天开机时间视监测结果而定。加湿器种类应选用喷雾效果好的种类，最好是以湿润空气的方式加湿效果最好，如湿膜加湿、高压微雾加湿等，可减少水滴的形成。如前所述，对于用清水喷洒地面的增湿方法，最好不采用。

⑤加强贮藏期管理。从降氧结束到出库前的整个时期，称为气调状态的稳定期。这个阶段的主要任务是维持库内温、湿度和气体成分基本稳定，使所贮果实长期保持最佳气调状态。每个库都要建立气调库的使用管理制度和设备及系统的操作规程，认真及时检查和了解设备的运行情况和库内贮藏参数的变化情况，及时发现和处理各种设备、仪表、部件的异常情况，消除隐患。保证冷藏设备、加湿设备、气调设备的正常运转，气调库的气密性和气压膨胀袋、平衡安全阀应保持良好状态，管道阀门无泄漏，检查所有温度、湿度及气体分析仪和控制器的准确性。而且，必须定期利用手提式气体分析仪检查自动系统所控制的气调室内的气体条件。

⑥定期检查。从入库到出库，整个贮藏期对温度、湿度、气体成分都要检查，使其有机结合。及时对果品的质量进行定期监测。每个气调库（间）都应有样品果箱放在库门观察窗能看到和伸手拿到的地方。一般半个月抽样检查一次，包括果实外观颜色、果肉颜色、硬度、含水量等主要指标。贮藏后期，库外温度上升时，果品也到了气调贮藏后期，抽样时间间隔应适当缩短。由于库内低氧气和高二氧化碳的环境条件对人有相当大的危险性，库内事故往往是致命的。所以气调库应贴有明显的注意和危险标志，如果没有技术人员在场，不要独自进入，不要开门和开窗。当气调操作开始前，应先确定库内无人，并把门锁上。在库门打开前至少24小时，应

对气调库充入新鲜空气（换气），在确定空气为安全值前，工作人员不允许进入贮藏室。

7. 1-MCP 保鲜处理

1-MCP（1-甲基环丙烯）是近年来发现的一种高效无残留的新型乙烯受体抑制剂。1-MCP 保鲜剂对绝大部分梨都有很好的保鲜效果，梨预冷入库后，应及时使用 1-MCP 保鲜处理，延长梨果的贮藏期和货架期。例如，库尔勒香梨，在普通冷库贮藏到翌年的 2 月时，果皮就开始变黄，尤其在出库后经过 7～10 天的长途运输，由于缺乏完整冷链的支持，往往出库时质量相当好的香梨，到达销售地的批发市场或是超市的货架上时，鲜绿色的果皮已经出现变黄、变褐和油渍等质量下降的情况，但经浓度为 1.00 微升/升 1-MCP 处理香梨，可减少香梨油渍化现象的发生，有效保持果实品质。0.5 微升/升和 1.0 微升/升 1-MCP 处理可作为控制香梨 0±0.5℃冷藏 180 天后延长货架期的主要技术之一，其果实黑皮病控制指数较低，外观和内在品质良好。1.0 微升/升 1-MCP 处理后常温 20±1℃货架期 30 天内酥梨、红香酥和玉露香梨果实品质保持良好，货架期延长 10 天以上。建议生产中贮藏鸭梨采用急剧降温（将处理完后的果实直接进 0℃冷库贮藏）结合 0.5 微升/升 1-MCP 处理、缓慢降温（将处理完后的果实放入 12℃冷库中，待果温降至 12℃后，每 3 天降 1℃，经 36 天降至 0℃，之后在 0℃下贮藏至结束）结合 1.0 微升/升 1-MCP 处理保鲜效果较好。

主要参考文献

陈晓浪，卢洋海，陈超俊，等，2009. 翠冠梨树自然开心形整形修剪 [J]. 中国果树（4）：58-59.

杜林笑，赵晓敏，李学文，等，2017. 不同浓度 1-MCP 处理对库尔勒香梨采后生理及贮藏品质的影响 [J]. 新疆农业大学学报，40（3）：185-190.

贾晓辉，王文辉，姜云斌，等，2016. 玉露香梨采收、包装及贮运保鲜技术 [J]. 保鲜与加工（8）：37-39.

贾晓辉，王文辉，佟伟，等，2016. 自发气调包装对库尔勒香梨采后生理及贮藏品质的影响 [J]. 中国农业科学，49（24）：4785-4796.

李世强，陈霞，曹佩燕，等，2003. 库尔勒香梨开心形树形修剪技术［J］. 林业科技通讯（11）：47-48.

罗云波，2005. 园艺产品贮藏加工学［M］. 北京：中国农业大学出版社.

齐开杰，蔡少帅，张虎平，等，2017. 沙梨细长纺锤形整形修剪技术［J］. 中国南方果树，46（1）：137-139.

王金政，王少敏，2010. 果树高效栽培10项关键技术［M］. 北京：金盾出版社.

王少敏，王宏伟，董放，2018. 梨栽培新品种新技术［M］. 济南：山东科学技术出版社.

王少敏，魏树伟，2017. 梨实用栽培技术［M］. 北京：中国科学技术出版社.

王文辉，2019. 新形势下我国梨产业的发展现状与几点思考［J］. 中国果树（4）：4-10.

王阳，王志华，王文辉，等，2016. 1-MCP处理对几种脆肉梨果实贮藏品质及采后生理的影响［J］. 果树学报，33（增刊）：147-156.

王志华，王文辉，杜艳民，等，2017. 红香酥梨贮藏保鲜关键技术［J］. 果树实用技术与信息（8）：42-43.

杨健，2007. 梨标准化生产技术. 北京：金盾出版社.

姚尧，张爱琳，钱卉苹，等，2018. 不同气调贮藏条件对早酥梨采后生理品质的影响［J］. 食品工业科技，39（11）：291-296.

尹晶晶，2018. 秋月梨网架形整形修剪技术要点［J］. 现代农村科技（8）：36.

袁惠新，2000. 食品加工与保藏技术［M］. 北京：化学工业出版社.

周山涛，1999. 园艺产品贮运学［M］. 北京：化学工业出版社.

张绍铃，谢智华，2019. 我国梨产业发展现状、趋势、存在问题与对策建议［J］. 果树学报，36（8）：1067-1072.

张引引，李月圆，钱卉苹，等，2019. 不同氧组分气调对黄冠梨品质及酶活性的影响［J］. 包装工程，40（9）：15-21.

三、桃

（一）现代桃园规划与建设

1. 园地规划

（1）**气候适宜带选择** 必须在气候适宜地带建园。根据桃树的生态要求和目前我国的品种组成，郑州果树研究所提出，我国桃树经济栽培的适宜带以冬季绝对低温不低于−25℃的地带为北界，冬季平均温度低于 7.2℃天数在 1 个月以上的地带为南线。此范围以北，冬季严寒，桃树不能安全越冬；此范围以南，满足不了桃树休眠对低温的需要量，而不能顺利通过休眠。当然随着新品种的引进、选育，有可能提高现有品种的适应性，逐渐扩大可栽植区域。在适宜地带外有大水面、小气候的环境也适宜栽植桃树。

（2）**地势与土壤选择**

①地势。地势每升高 100 米，气温平均下降 0.6℃，海拔越高，气温越低。所以，一般在海拔 2 200 米以下，桃树生长结果良好，2 300 米左右则生长不良，花芽分化差，需加强防寒措施方可经济栽培，因而建园以 2 200 米以下为宜。山地、坡地通风透光，排水良好，栽植桃树病害少，品质比平地桃园好，如河北顺平县在山地栽培的大久保桃，果实个大，颜色好，硬度大，风味甜，远销国内外各大城市。桃喜光，应选在南坡日光充足地段建园，但物候期较早，应注意花期晚霜的危害。谷地易集聚冷空气并且风大，因桃树抗风力弱，故要避免在谷地大风地区建园。山地、坡地的地势变化大，水土易流失，土壤瘠薄，需改造后建园，并以坡度不超过

20°为宜。平地地势平坦，土层深厚、肥沃，供水充足，气温变化和缓，桃树生长良好，但通风、排水不如山地，且易染真菌病害。平地还有沙地、黏地、地下水位高（高于1米）、盐渍地等不良因素，故以先改造后建园为宜。现提倡在山地建园，那里土壤、空气和水分未被污染，是生产无公害果品的理想地方，且果实品质好。

②土壤。桃树耐旱忌涝，根系好氧，适于在土壤质地疏松、排水畅通的沙质壤土建园。在黏重和过于肥沃的土壤上种植桃树，易徒长，易患流胶病、颈腐病，一般不宜选用，尤其地下水位高的地区不宜栽桃。

③重茬。桃树对重茬反应敏感，往往表现生长衰弱、流胶、寿命短、产量低，或生长几年后突然死亡等，但也有无异常表现的。重茬桃园生育不良和早期衰亡的原因很复杂，各个桃园也不尽一致。除营养、病虫害的原因以外，有人认为是桃树根残留物分解产生毒素，毒害幼树而导致树体死亡，如扁桃苷分解产生氢氰酸使桃根致死，因而尽可能避免在重茬地建园。

生产实践证明，种植2～3年农作物对消除重茬的不良影响是有效的。若必须重茬，也可采用挖大定植穴彻底清除残根，晾坑，挖定植穴时与旧址错开，填入客土等都有较好效果。河北省农林科学院石家庄果树研究所试验表明，在栽植时，栽大苗（如二至三年生大苗）比栽小苗影响小。应加强重茬幼树的肥培管理，提高幼树自身抗性。

2. 桃树对环境条件的要求

（1）温度 桃树为喜温树种。适栽地区年平均气温为12～15℃，生长期平均气温为19～22℃时，就可正常生长发育。

桃树属耐寒果树，一般品种在－22～－25℃时可能发生冻害。例如，在辽宁及河北省北部地区，桃的寿命一般较短，有的在盛果后不久即死亡，这常与冻害有关。桃各器官中以花芽耐寒力最弱，如北京地区冬季低温达－22.8℃时，不少品种花芽和幼树发生冻害。有些花芽耐寒力弱的品种如五月鲜、深州蜜桃等，在－15～

−18℃时即发生冻害，是这些品种产量不稳的原因之一。桃花芽在萌动后的花蕾变色期受冻温度为−1.7～−6.6℃，开花期和幼果期的受冻温度分别为−1～−2℃和−1.1℃。

果实成熟期间昼夜温差大，干物质积累多，风味品质好。6～8月夏季高温、多雨，尤其夜温高，是影响桃果实品质的重要因子之一。我国广东、福建也能栽培桃，但高温多雨，枝条徒长严重，树体养分积累少，表现产量低、果实品质差。

桃树在冬季需要一定的低温来完成休眠过程，需要一定的"需冷量"，即桃树解除休眠所需的"需冷量"一般是以0～7.2℃的累积时数来表示。一般栽培品种的"需冷量"为400～1 200小时，有些品种如大久保在四川因不能满足需冷量而表现为延迟落叶，翌年发芽迟，开花不整齐，产量下降。

（2）光照　桃原产海拔高、日照长的地区，形成了喜光的特性，对光照不足极为敏感。一般日照时数在1 500～1 800小时即可满足生长发育需要。日照越长，越有利于果实糖分积累和品质提高。

桃树光合作用最旺盛的季节是5月、6月，桃树与其他果树不同的是：桃树叶片中的栅栏组织和海绵组织分化快，光合强度增大的时间早，并随着叶片增加而增大，到盛夏时由于气温过高而略有减少，到9月桃叶的光合作用又增强。就一个果园和一个单株的桃树来说，树体生长过旺，枝叶繁茂重叠，叶片的受光量减少，不利于光合作用进行，这样就造成枝条枯死，严重时叶片脱落、根系生长停止。

光在某种程度上能抑制病菌活动，如在日照好的山地，病害明显轻。光照过强会引起日烧。一般在日照率高达65%～80%时，如枝干全部裸露或向阳面受日照光直射，可引起日烧，影响树势。

桃树对光照敏感，在树体管理上应充分考虑桃喜光的特点，树形宜采用开心形。在树冠外围，光照充足，花芽多而饱满，果实品质好；反之，在内膛荫蔽处的结果枝，其花芽少而瘦瘪，果实品质差，枝叶易枯死，结果部位外移，产量下降。同时，种植密度不能太大，避免造成遮阴。

（3）水分　桃树根系浅，根系主要分布于 20～50 厘米。根系抗旱性强，土壤中含水量达 20%～40% 时，根系生长很好。桃对水分反应较敏感，尤其对水分多反应更为敏感。桃树根系呼吸旺盛，耐水性弱，最怕水淹，连续积水 2 昼夜就会造成落叶和死树。在排水不良和地下水位高的桃园，会引起根系早衰、叶薄、色淡，进而落叶落果、流胶以至植株死亡。如果缺水，根系生长缓慢或停长，如有 1/4 以上的根系处于干旱土壤中，地上部就会出现萎蔫现象。

春季雨水不足，萌芽慢，开花迟，在西北干旱地区易发生抽条现象。

在生长期降雨量达 500 毫米以上，枝叶旺长，对花芽形成不利，在北方则表现为枝条成熟不完全，冬季易受冻害。

桃果实含水量达 85%～90%，枝条含水量为 50%。供水不足，会严重影响果实发育和枝条生长，但在果实生长和成熟期间，雨量过大，易使果实着色不良，品质下降，裂果加重，炭疽病、褐腐病、疮痂病等病害发生严重。

在我国北方桃产区年降水量为 300～800 毫米，如不进行灌溉，即使雨量少，由于光照时间长，同样果实大，糖度高，着色好。

（4）土壤　桃树虽可在沙土、沙壤土、黏壤土上生长，但最适土壤为排水良好、土层深厚的沙壤土。在 pH 5.5～8.0 的土壤条件下，桃树均可以生长，最适 pH 为 5.5～6.5 的微酸性土壤。

在沙地上，容易通过浇水传播根结线虫害和根癌病，且肥水流失严重，易使树体营养不良，果实早熟而小，产量低，盛果期短。在黏重土壤上，易患流胶病。在肥沃土壤上营养生长旺盛，易发生多次生长，并引起流胶，进入结果期晚。土壤 pH 过高或过低都易产生缺素症。当土壤中石灰含量较高，pH 在 8 以上时，由于缺铁而发生黄叶病，在排水不良的土壤上，更为严重。

根系对土壤中氧气敏感，土壤含氧量 10%～15% 时，地上部分生长正常；土壤含氧量低于 10% 时生长较差；土壤含氧量 5%～

7％时根系生长不良，新梢生长受抑制。

桃根系在土壤含盐量 0.08％～0.1％时，生长正常；土壤含盐量达到 0.2％时，桃根系表现出盐害症状，如叶片黄化、枯枝、落叶和死树等。

（5）其他环境因素

①地势。桃树在山地生态最适区往往表现寿命长、衰老慢。如生长在四川西部海拔 2 000 米山地上的桃树，有的可活 100 年。由于昼夜温差大，光照充足，温度小，果实含糖量和维生素 C 含量增加，同时增加耐贮性和硬度，果面光洁色艳，香味浓。但海拔过高，品质反而下降。

②风。微风可以促进空气交换，增强蒸腾作用。微风可以改善光照条件和光合作用，消除辐射霜冻，降低地面高温，免受伤害，减少病害，利于授粉结实。但大风对果树不利，影响光合作用，蒸腾作用加强，发生旱灾。花期大风，影响昆虫活动及传粉，柱头变干快。果实成熟期间的大风，吹落或擦伤果实，对产量威胁很大。大风引起土壤干旱，影响根系生长，可将沙土地的营养表土吹走。

3. 桃园规划整地

建立桃园是桃树生产中的一项很重要的基础工作，必须全面规划，合理安排。建立一个低成本、高效益、无公害的桃园，要处理好桃树与生长环境、桃树与其他产业之间的关系，并实施科学的栽培和管理措施。

（1）桃园规划设计

①桃园规划设计的基本原则、内容和步骤。

桃园规划设计的基本原则：一是要从全局出发，全面规划，统筹安排建园的各项事宜；二是应有长远的观点，慎重考虑建园的前景和可能出现的问题；三是要遵循"因地制宜、相对集中"的原则，建立适应本地情况的桃园；四是要了解掌握当地各种不良环境因素的情况，及早因害设防，防患于未然；五是要适应新科技的应用，为桃园的科学化管理创造条件。

规划设计的内容包括：各项用地及园地划分；桃园环境改良，

如土壤改良、水土保持、防护林建设等；桃树品种的选择和配置；桃树定植的方式、密度和技术等；绘制定植图，编写桃园档案。

规划设计的步骤：首先收集有关资料，如计划发展的桃树品种的习性和经济性状，计划选定桃树园地的生态条件、地形、地貌特征及社会经济情况等，然后再现场勘察了解地形、地貌、植被、水源等情况。在掌握上述资料及现场调查的基础上，绘制桃园地形图、土壤调查及土壤分布图，最后进行具体的桃园规划设计。

②园地规划。包括桃园及其他种植业占地，防护林、道路、排灌系统、辅助建筑物占地等。规划时应根据经济利用土地面积的原则，尽量提高桃树占地面积，控制非生产用地比率。多年经验认为，桃园各部分占地的大致比率为：桃树占地 90% 以上，道路占地 3% 左右，排灌系统占地 1.5%，防护林占地 5% 左右，其他占地 0.5%。

桃园园地（作业区）的区划：根据桃园的地形、地势和土壤条件，小气候特点和现代化生产的要求，因地制宜地划分作业区。作业区通常以道路或自然地形为界。作业区面积小者 1 公顷，大者 10 公顷不等，因地形、地势而异。地形复杂的山区，作业区面积较小（0.5~2 公顷），丘陵或平原可大些（3~15 公顷）。作业区的形状以长方形为宜，利于耕作和管理，长边与短边可为 2:1 或 5:(2~3)。在山区长边须与等高线走向平行，有利于保持水土。小区长边与主要有害风向垂直，或稍有偏角，以减轻风害。

桃园道路系统的规划：根据桃园面积、运输量和机具运行的要求，常将桃园道路按其作用的主次，设置成宽度不同的道路。主路较宽（6~8 米），并与各作业区和桃园外界联通。产品、作业区内为方便各项田间作业，必要时还可设置作业道（1~2 米）。道路尽可能与作业区边界相一致，避免道路过多地占用土地。

桃园排灌系统的规划：首先解决水源，根据水源确定灌溉方式（沟、畦灌溉、喷灌、滴灌）和设计排水渠、灌水渠。通常灌溉渠道与道路相结合，排水渠与灌渠共用。

辅助建筑物：包括管理用房、药械、果品种子、农业机具等的贮藏库、包装场、配药池、畜牧场和积肥场等。管理用房和各种库房，最好靠近主路交通方便、地势较高、有水源的地方。包装场、配药池等地最好位于桃园或作业区的中心部位，有利于果品采收集散和便于药液运输。畜牧场、积肥场则以水源方便、运输方便的地方为宜。山地桃园、包装场在下坡，积肥场在上坡。

绿肥地和苗圃：利用林间空隙地、山坡坡面、滩地种绿肥，必要时还应专辟肥源地，以供桃树用肥。为自繁自养各种补、定植用桃树和防护林用苗，桃园应选择土壤肥力较高、水源充足的地块作苗圃，培育各种苗木。

③防护林规划。桃园建立防护林可以改善桃园的生态条件，提高桃树的坐果率，增加果实产量，取得良好经济效益。防护林能抵挡寒风的侵袭，降低桃园的风害，并能控制土壤水分的蒸发量，调节桃园的温度和湿度，减轻或防止霜、冻危害和土壤盐渍化。林带防风效果的好坏，可以通过林带后某一距离内的风速减低的效率来衡量。林带的防护范围常以林带高度的倍数来表示。林带类型不同，防风效果不同。桃园常选用林冠上下均匀透风的疏透林带或上部林冠不透风、下部透风的透风林带，若以减轻风速25％为有效防护作用，防护林的防护范围为：迎风面在林带高的5～10倍，背风面在林带高度的25～60倍。防护林的宽度、长度和高度，以及防护林带与主要有害风的偏角都影响防风效果和防风范围。通常加强对主要有害风的防护，采用较宽的林带，称主林带（宽约20米）。主林带与主要有害风垂直。垂直于主林带设置较窄的林带（宽约10米），称为副林带，以防护其他方向的风害。在主、副林带之间，可加设1～2条林带，也称折风线，进一步减低风速，加强防护效果，这样就形成了纵横交错的网络，即称林网。林带网络内的果树可获得较好的防护。主林带之间距离可加大到500～800米。林带的配置，常以高大乔木和亚乔木及灌木组成。行距2～2.5米，株距1～1.5米。北方乔木多用杨树（毛白杨、沙杨、新疆杨、银白杨、箭杆杨）和泡桐、水杉以及臭椿、皂角、楸树、榆树、柳树、枫树、水曲柳、白蜡。灌木有紫穗槐、沙枣、杞柳、桑

条、柽柳。为防止林带遮阴，树根串入桃园影响桃树生长，一般要求林带南面距桃树 10～15 米，林带北面距桃树 20～30 米。为了经济用地，通常将桃园的路、渠、林带相结合配置。在桃园附近不易种的树有刺槐、梧桐等。

（2）定植前的土壤改良

①土壤理化性能的改良。沙荒地和黏土地改良：利用下层黏土层深翻压沙或客土压沙、放淤压沙、翻沙压黏、引洪漫沙。沙石滩则需客土栽树逐渐改造，种植绿肥，增加土壤有机质，营造防风固沙林或"沙障"，防风固沙。

盐碱土改良：灌水压盐、排水洗盐。也可在栽桃树以前，先种一年或数年耐盐碱的植物，使之吸收土壤的盐分，以生物排盐法降低土的盐碱。常用的耐盐植物有沙藜、碱蓬、高秆菠菜、猪毛菜、田菁、苕子、苜蓿、草木樨等。

②水土保持的措施。

治坡：在坡度较大（25°以上）的地段不宜栽桃树，其上坡种植用材林、护坡林，涵养水源，降低水流量。在近桃园的上坡挖沟垒垄，拦截上坡水，避免冲入桃园，并引入总排水沟、泄洪沟。

改造地形：如梯田、撩壕、鱼鳞坑等。通过截断坡面，缩小集流面积，减少地表径流量，同时局部平整，减少流速，以保持水土。

治坑：通常在沟里垒坝拦蓄沟水，防止坡面、沟底的侵蚀。

等高栽植和等高耕作：建在缓坡地带、坡度不大、地形平缓的桃园，树行沿等高线走向排列，耕作按行操作，避免顺坡耕作，同样可达到防止水土流失的目的。

4. 定植建园

（1）栽植密度　经济利用土地资源和有效地利用光能是合理密植的依据。确定栽植密度应考虑：初果年龄及初果期产量；进入盛果期的年龄和产量；盛果期的年限及经济寿命。高度密植的桃园，由于单位面积栽植的株数多，土地利用率高，前期单位面积产量上升迅速，可早期达到最高产量，因而前期经济效益较高。

一般密植栽培的行株距为 6 米×2.5 米，普通栽培行株距为 5 米×4 米。行间生草，行内覆盖，或行间或全园进行行覆草。通常山地桃园土壤较瘠薄，紫外线较强，能抑制桃树的生长，树冠较小，密度可比平原桃园大些。大棚或温室栽培时，一般密度为株距 1～2 米，行距为 2～2.5 米。

（2）**品种选择** 品种是桃树生产中最基本的生产资料。品种选择的正确与否，直接关系到将来能否获得高的效益。选择适宜优良品种一直是人们普遍关心的热点问题。

品种选择总的要求是：用于鲜食果品供应市场的，要求果实个大、果形圆正、果顶凹或平、着色鲜艳、果实硬度大、耐贮运、品质佳、丰产性好、抗逆性强。用于加工制罐的品种要求果肉黄色、不溶质、粘核、果肉厚、核小、不裂核、果肉褐变慢、具有芳香味、含酸量比鲜食品种稍高。

①品种选择的原则。

根据品种区域化原则进行选择：按品种生长特性及对环境条件的要求，选择适宜的栽培区域，同样根据某地区的自然生态条件，选择适宜的品种，做到"适地适栽"。有些品种为广适性品种，而有些适应性很窄。每个品种，只有在它的最适条件下才能发挥其优良特性，产生最大效益。一些地方特色品种，如肥城桃、深州蜜桃、中华寿桃，在其他地方栽培表现不良。而雨花露、雪雨露、玫瑰露等品种则在各地表现均好。大久保在山区表现比平原好，在河北省中北部比南部好。

根据成熟期选择：桃不耐贮运，不适合栽植成熟期太集中的品种，以免因销售和加工不及时造成损失。生产上最好安排一系列成熟期不同的品种，不断地采收上市。目前我国有 55 天成熟至 190 天左右成熟的许多品种可供选择。

交通方便与否、离销售市场的远近也应考虑：如城市近郊、工矿区及旅游点附近，基本上是当日采收当日销售，可选用果个大、品质佳、丰产性好的溶质或硬质桃品种。距城市或市场较远的地区，或交通不方便地区，应选择较耐贮运的硬溶质或不溶质桃品种。

要看当地政府部门的规划：如本地区适于蟠桃生产，而当地政府已将本地规划为蟠桃生产基地，那么就服从全局，种植蟠桃。因为建成了基地，有了规模，可以形成市场，果品容易销售出去。这是各地的经验所证明的。

另外，也要对品种存在的主要缺点有较多的了解：如抗寒性、有无花粉、裂果情况等。有的品种抗寒性较差，如中华寿桃，2001年冬，在北京受冻率达 80％以上，有的地区已"全军覆灭"。丰白、早凤王、霞晖 1 号、红岗山等品种均无花粉，在栽植中必须配置授粉品种或进行人工授粉。授粉品种要求花期与接受花粉的品种相遇，花粉量大，授粉亲和力高，并且经济价值比较高。如大久保、雪雨露、京玉等都是较好的授粉品种，授粉品种配置的比例可为 1：2 或 1：1。有些品种有裂果现象，如燕红、21 世纪、中华寿桃等，必须了解这些特性，以便在栽培中采取相应措施。

②桃品种选择注意的问题。

关于优良品种和新品种：优良品种是指适应当地气候和土壤条件，综合性状表现优良的品种。在某地（国、省）表现好的品种引入到另一地不一定是优良品种。新品种是在某一区域培育出来的。引种到另一地区是否还是一个优良品种，也必须进行生态适应性的试验才能确定。所以新品种引种到其他地区不一定是优良品种，老品种也不一定不是优良品种。

对无花粉品种的认识：一个品种没有花粉是这个品种的缺陷，但不一定说这个品种就不是优良品种，关键是要采取相应的栽培技术。现在生产上有一些品种没有花粉，如仓方早生、砂子早生、安农水蜜、红岗山、丰白、八月脆等品种，都具有很好的果实性状，如果实个大、果实硬度大、品质好等，没有花粉或花粉量极少，坐果率偏低。通过试验，对这类品种采取相应的栽培技术并配置适宜的授粉品种，是同样能获得理想产量的。生产上有时要限制产量才能保证质量。所以不要因为某个品种无花粉就认为这个桃品种不能栽。如北京平谷大面积栽植八月脆，配置京艳作为授粉树（1：1），且采取长梢修剪，让其在中短果枝上结果，取得了成功。

（3）定植

①定植时期。在桃生产上，有春栽、秋栽和冬栽三个时期。由于秋、冬栽比春栽发芽早，生长快，我国南部、中部地区秋栽采用较多。北方有灌溉条件且冬季不太寒冷地区也可采用秋栽。干旱、寒冷且无灌溉条件的北方地区，秋栽有抽条现象，所以多为春栽。春栽在北方一般为3月中旬左右。

②定植前的准备。

定植点测量：无论是哪种类型的桃园，都必须定植整齐，便于管理。因此，需在定植前根据规划的栽植密度和栽植方式，按株行距测量定植点，按点定植。测定植点的同时，留出道路和渠道占地。

定植穴准备：定植穴是桃树最初生存的基本环境，它关系到桃树栽植的成活，也关系到以后桃树根系的发育，是桃树早结果、早丰产的关键措施之一。因此，必须保证栽植穴的质量，在黏重土壤或含石灰量大的桃园尤为重要。穴大，桃树根量大，树冠大；穴小，根量少，树冠小。定植穴的大小，一般要求直径和深度为80～100厘米。不过土壤质地疏松者可浅些，而下层有胶泥层、石块或土壤板结者应深些。定植穴实际是小范围的土壤改良，因而土壤条件越差，定植穴的质量要求越高，尤其是深度至少达60厘米以上为宜。如土质好的地块，一般要求直径和深度为50厘米。

苗木准备：苗木按质量分级，剔除弱、病苗，并剪除根蘖及折伤的枝或根和死枝枯桩等。然后喷3～5波美度石硫合剂或用0.1%升汞液泡10分钟，再用清水冲洗。栽植前根部蘸泥浆保湿，利于根系与土壤密接，可有效地提高成活率。为避免苗木品种混淆，栽植前先按品种规划的要求，将苗木按品种分发到定植穴边，并用湿土把根埋好，待栽。可在每行或两品种相连处挂上品种标签。同时苗木应分级栽植，便于管理。

③定植方法。定植的深度通常以苗木上的地面痕迹与地面相平为准，并以此标准调整填土深浅。栽植深浅调整好以后，苗木放入

穴内，将根系舒展，向四周均匀分布，尽可能不使根系相互交叉盘结，并将苗木扶直，左右对准，使其纵横成行。然后填土，边填边踏边提苗，并轻轻抖动，以使根系向下伸展，与土紧密接触。填土至地平，做畦，浇水。1周后再浇一次水。

④定植后管理。幼树由苗圃移栽到桃园后，抗逆性较弱，环境条件骤然改变，需要一段适应过程，因此，定植后2~3年的管理水平对于保证桃树成活和早结果、早丰产至关重要，不可轻视。

（二）轻简化整形修剪技术

1. 桃树整形修剪的基本原则

桃树原产我国海拔较高、日照时间长、光照强度大的西北地区。在长期的系统发育中形成了特有的规律性，所以，有别于其他果树的修剪特性。

（1）喜光性强，干性弱　自然生长的桃，中心枝生长势弱，几年后甚至消失，枝叶密集，内膛枝迅速衰亡，结果部位外移，产量下降。这些都说明桃的干性弱，必须有良好的光照才能正常生长发育。所以，生产上多用开心树形。

（2）萌芽率高，成枝力强　桃萌芽率高，潜伏芽少，且寿命短，所以多年生枝下部容易光秃，更新较难。成枝力很强，幼树主枝延长头一般能长出5~10个长枝，并能萌生二次枝、三次枝，所以桃树成形快，结果早，但也容易造成树冠郁闭，必须适当疏枝和注意夏季修剪。

（3）顶端优势弱，分枝多，尖削度大　桃树顶端优势不如苹果明显，旺枝短截后，顶端萌发的新梢生长量较大，但其下还长出几个新梢，有利于结果枝组的培养。但在骨干枝培养时，下部枝条多，明显削弱先端延长枝头的加粗生长，尖削度大，所以，要控制其下部竞争枝的长势，保证延长枝头的健壮生长。另外，当主枝角度较大时，背上常长出徒长枝，严重削弱上部枝的生长，遮光较多，要及时疏除或控制，避免"树上长树"。

（4）耐修剪性强　与苹果树比较，桃树耐修剪能力是比较强的，但修剪过重，成花率相对减少。桃树耐剪能力大小也因品种而异，如深州蜜桃等品种树势生长旺盛，若再给予较重的修剪，会刺激其萌发出大量的旺长枝条，减少了中、短枝数量，影响结果，产量下降。某些树冠开张型的品种，树势生长中庸，给予稍重的修剪，对产量影响不大。

（5）剪锯口不易愈合　修剪必然造成伤口，剪锯口对附近枝条的生长有一定的影响。桃树修剪造成的大剪锯口不易愈合，剪锯口的木质部很快干枯，并干死到深处。因此，修剪时力求伤口小而平滑，并及时涂保护剂，以利尽快愈合。常用的保护剂有铅油、油漆、接蜡等。

2. 适宜的丰产树形

（1）**三主枝开心形**　三主枝开心形是当前露地栽培桃树的主要树形，具有骨架牢固、易于培养、光照条件好、丰产稳产的特点。

树高 2.5～3 米，主枝数量 3 个，呈波浪曲线延伸。第一主枝最好朝北，距离第二主枝 15 厘米左右，主枝角度 60°～70°；第 2 主枝朝西南，距离第 3 主枝也在 15 厘米左右，主枝角度 50°～60°；第三主枝朝东南，主枝角度 40°～50°，切忌第一主枝朝南，以免影响光照。如在山坡地，第一主枝选坡下方，2、3 主枝在坡上方，提高距地面高度，管理方便，光照好。每主枝选 2 个侧枝，第二侧枝着生在第一侧枝的对面，并顺一个方向呈推磨式排列。

第一主枝上的第一侧枝距主干 60～70 厘米，第二侧枝距第一侧枝 40～50 厘米。第二主枝上的第一侧枝距主干 50～60 厘米，第二侧枝距第一侧枝 40～50 厘米。第三主枝上第一侧枝距主干 40～50 厘米，第二侧枝距第一侧枝 40～50 厘米。侧枝要求留斜枝，角度较主枝大 10°～15°。侧枝与主枝夹角 70°左右，夹角大易交叉，夹角小通风透光差。

结果枝组一般分为大、中、小 3 种。其中，大型结果枝组长80 厘米左右，位于骨干枝两侧，在初果期树上，骨干枝背后也可以配置大型结果枝组。中型结果枝组长 30～40 厘米，位于骨干枝两侧，或安插在大型枝组之间，可以长期保留或改造疏除。小型结果枝组长 40~50 厘米，位于树冠外围、骨干枝背后及背上直立生长，有空则留，无空则疏。

枝组在骨干枝上的配置，是两头稀中间密，顶部以中、小型为主，基部和中部以大、中型为主。

（2）两主枝 V 形或 Y 形　适于露地密植和保护地栽培，容易培养，早期丰产性强，光照条件较好。树高 2.5 米，干高 40~60 厘米，全树只有 2 个主枝，向行间伸展，配置在相反的位置上，在距地面 1 米处培养第一侧枝，第二侧枝在距第一侧枝 40~60 厘米处培养，方向与第一侧枝相反。两主枝的角度是 45°，侧枝的开张角度为 50°，侧枝与主枝的夹角保持约 60°。在主枝和侧枝上配置结果枝组和结果枝。

（3）纺锤形　适于保护地栽培和露地高密栽培。光照好，树形的维持和控制难度较大，需及时调整上部大型结果枝组与下部结果枝组的生长势，切忌上强下弱。无花粉、产量低的品种不适合培养纺锤形树形。

树高 2.5~3.0 米，干高 50 厘米。有中心干，以中心干上均匀排列着生 8~10 个大型结果枝组。大型结果枝组之间的距离是 30 厘米。主枝角度平均在 70°~80°。大型结果枝组上直接着生小枝组和结果枝。

3. 不同年龄时期桃树修剪技术

（1）幼树整形及修剪要点　桃树幼树的整形修剪主要是以整形为主，修剪时期是夏季修剪与冬季修剪相结合，以夏季修剪为主。

①三主枝开心形。成苗定干高度为 60~70 厘米，剪口下 20~30 厘米处要有 5 个以上饱满芽作整形带。第一年选出 3 个错落的主枝，任何一个主枝均不要朝向正南。第二年在每个主枝上选出第一侧枝，第三年选第二侧枝。每年对主枝延长枝剪留长度 40~50 厘米。为增加分枝级次，生长期可进行两次摘心。生长期用拉枝等方法开张角度，控制旺长，促进早结果。四年生树在主、侧枝上要培养一些结果枝组和结果枝。为了快长树、早结果，幼树冬季修剪以轻剪为主。

②两主枝 V 形或 Y 形。成苗定干高度 40～60 厘米，在整形带选留 2 个对侧的枝条作为主枝。两个主枝一个朝东，另一个朝西。第 1 年冬剪主枝剪留长度 50～60 厘米，第 2 年选出第 1 侧枝，第 3 年在第 1 侧枝对侧选出第 2 侧枝。其他枝条按培养枝组的要求修剪，到第四年树形基本形成。

③纺锤形。成苗定干高度 80～90 厘米，在合适的位置培养第一主枝（位于整形带的基部，剪口往下 25～30 厘米处），在剪口下第三芽培养第二主枝。用主干中心延长头上发出的副梢选留第三、四主枝。各主枝按螺旋状上升排列，相邻主枝间间距 30 厘米左右。第一年冬剪时，所选留的主枝尽可能长留，一般留 80～100 厘米。第二年冬剪时，下部选留的第一、二、三、四主枝一般不再短截延长枝，上部选留的主枝一般也不进行短截。主枝开张角度 70°～80°。一般 3 年后可完成 8～10 个主枝的选留。

（2）盛果期树修剪　盛果期树的主要任务是维持树势，调节主侧枝生长势的均衡和更新枝组，防止早衰和内膛空虚。盛果期树的修剪同样是夏季修剪与冬季修剪相结合，两者并重。

①主枝的修剪。盛果初期延长枝应以壮枝带头，剪留长度为 30 厘米左右。并利用副梢开张角度，减缓树势。盛果后期生长势减弱，延长枝角增大，应选用角度小、生长势强的枝条以抬高角度，增强其长度，或回缩枝头刺激萌发壮枝。

②侧枝的修剪。随着树龄的增长，树冠不断扩大，侧枝伸展空间受到限制，由于结果和光照等原因，下部侧枝衰弱较早。修剪时对下部严重衰弱、几乎失去结果能力的侧枝，可以疏除或回缩成大型枝组。对有空间生长的外侧枝，用壮枝带头。此期仍需调节主、侧枝的主从关系。夏季修剪应注意控制旺枝，疏去密生枝，改善通风透光条件。

③结果枝组的修剪。对结果枝组的修剪以培养和更新为主，对细长弱枝组要更新，回缩并疏除基部过弱的小枝组，膛内大枝组出现过高或上强下弱时，轻度缩剪，降低高度，以结果枝当头。枝组生长势中庸时，只疏强枝。侧面和外围生长的大中枝组弱时缩，壮

时放，放缩结合，维持结果空间。各种枝组在树上均衡分布。三年生枝组之间的距离应在 20～30 厘米，四年生枝组距离为 30～50 厘米，五年生为 50～60 厘米。调整枝组之间的密度可以通过疏枝、回缩，使之由密变稀，由弱变强，轮换更新。保持各个方位的枝条有良好的光照。

④结果枝的修剪。盛果期结果枝的培养和修剪很重要，要依据品种的结果习性进行修剪。对于大果型但梗洼较深的品种以及无花粉的品种，如早凤王、砂子早生、丰白、深州蜜桃、八月脆等，以中、短果枝结果为好。因此，在冬季修剪时以轻剪为主，先疏除背上的直立枝以及过密枝，待坐果后根据坐果情况和枝条稀密再行复剪。对于长放的枝条，还可促发一些中、短果枝，这正是翌年的主要结果枝。在夏季修剪中，通过多次摘心，促发分枝。

（3）衰老期树修剪　修剪的主要任务是：回缩、更新骨干枝，利用内膛萌发的徒长枝培养枝组，注意枝组的更新复壮，以维持树势，保持一定的产量。衰老期树的修剪主要是冬季修剪为主。

修剪时，应利用适当部位的大型枝组代替已衰弱的骨干枝，尽量保留内膛和下部发生的徒长枝，将其培养成结果枝组，以填补秃裸和空缺部位。对结果枝组要进行回缩、短截更新，尽可能多留预备枝，剪除细弱枝，调节养分，使其集中于有用的枝条。

4. 简化修剪技术

（1）夏季修剪技术

第一次夏季修剪：主要是抹芽，在叶簇期进行，抹芽可抹双芽，留单芽，抹除剪锯口附近或近幼树主干上发出的无用枝芽。

第二次夏季修剪：在新梢迅速生长期进行，此次非常重要。修剪内容是：

①调整主、侧枝的生长势，控制过旺生长。根据需要进行摘心，促发二次和三次枝，形成较中庸的中短果枝。

②主、侧枝延长枝的修剪。对生长旺的主、侧枝，可以剪主梢留副梢，缓和生长。

③背上竞争枝和旺枝修剪。旺枝主要是树冠内潜伏芽萌发的新

梢和剪口芽长出的新梢。如有空间，对竞争枝或徒长性果枝可留1～2个副梢，培养成为结果枝组。如无副梢者，在30厘米处短截，促发新梢。对控制利用的这类枝，最好是在旺盛生长早期处理，控制效果更好。潜伏芽萌生之新梢，从基部疏除。

第三次夏季修剪：在6月下旬至7月上旬进行。此次主要是控制旺枝生长。对骨干枝仍按整形修剪的原则适当修剪。由于已进入生长中后期，修剪不宜过重。可以对直立品种进行开张角度。对竞争枝、徒长枝等旺枝，在上次修剪的基础上，如所在部位枝条密挤，可疏除，如有空间，可留1～2个副梢。对树姿直立的品种或角度较小的主枝进行拉枝。

第四次夏季修剪：7月底至8月上中旬进行。将原来没有控制住的旺枝从基部疏除。新长出的二、三次梢过密者可从基部疏除。对未停止生长的长枝，剪去不成熟的部分。对于角度小的骨干枝进行拉枝。

（2）长梢修剪技术　长梢修剪技术是一种基本不使用短截，仅采用疏枝、回缩和长放的修剪技术。由于基本不短截，修剪后的一年生枝的长度较长（结果枝平均长度一般50～60厘米），故称为长梢修剪技术。

长梢修剪技术具有操作简单、节省修剪用工、冠内光照好、果实品质优良、利用维持营养生长和生殖生长的平衡、树体容易更新等优点，已得到了广泛的应用，并取得了良好的效果。

长梢修剪技术的应用：

①应用于以长果枝结果为主的品种。对于以长果枝结果为主的品种，把骨干枝先端多余的细弱结果枝、强壮的竞争枝和徒长枝疏除，有计划地选用部分健壮或中庸的结果枝缓放或轻剪，结果后以果压势，促进骨干枝后部枝条健壮生长，达到前面结果、后面长枝、前不旺、后强壮的立体结果目的，如大久保、雪雨露等。

②应用于中、短果枝结果的品种。先利用长果枝长放，促使其上长出中、短枝，再利用中、短果枝结果，如深州蜜桃、丰白、仓方早生、安农水蜜等。

③应用于易裂果的品种。利用长梢修剪，让其在长果枝中上部结果，当果实长大后，便将枝条压弯、下垂，这时果实生长速度缓和，减轻裂果。适宜品种有华光、瑞光 3 号、丰白等。

（3）应用长梢修剪时，冬剪长放或疏除的原则

①枝条保留密度。每 15～20 厘米保留一个结果枝，同侧枝条之间距离在 40 厘米以上。如栽植密度为 3 米×5 米或 4 米×6 米的成年树，每株树平均留长果枝在 150～200 个。

②保留一年生枝长度。保留 40～70 厘米长度的枝条较合适。对北方品种，主要以中短果枝结果，长果枝保留数量应减少，多保留一些中短果枝。

③保留的一年生枝在骨干枝上的着生角度。对于树势直立品种，以斜生或水平枝为宜；对于开张型品种，主要保留斜上枝；对于幼年树（尤其是直立型品种），可适当多留一些水平枝及背下枝。

④结果枝组的更新。果实重量和枝叶能使一年生枝弯曲、下垂，并从基部生长出健壮的更新枝。冬剪时，将已结果的母枝回缩到基部健壮枝处更新。如果在骨干枝上着生结果枝组的附近已长出更新枝，则对该结果枝组进行全部更新，用骨干枝上的更新枝代替结果枝组。

采用长梢修剪时，也应及时进行夏剪，疏除过密枝条和徒长枝。并对内膛多年生枝上长出的新梢进行摘心，实现内膛枝组的更新复壮。同时长梢修剪之后，同样要疏花疏果，及时调整负载量，这是获得优质果实和枝条更新的前提。

（三）精细化花果管理技术

1. 辅助授粉技术

（1）花粉采集　选择花粉量大、亲和力好、花期略早于授粉种类的适宜授粉品种。花粉宜在授粉前 2～3 天采集。桃花粉在开花后 1～2 小时即开始飞散。因此，应于上午 9 时之后待花朵上的露水或雨水干后，采集含苞待放的蕾期花朵，置入竹篮中，带回室内，并及时收集花药。

用人工方法（镊子、指甲）或剥花机剥出鲜花药，捡去花瓣和花丝，精选花药，然后平摊在干净的采粉容器中或表面光滑的干净纸上，在 22～25℃ 的条件下放置 3～4 小时进行干燥，阴干为黄色花粉；或用 25～40 瓦的灯泡放在离花药平面 25～30 厘米处烘烤花药。待花药开裂后，用手轻轻搓揉，将搓下的花药用簸箕簸一遍，去掉杂质后烘干，不需过筛，将干燥的花粉贮于干净、干燥的玻璃瓶中密封，置于冰箱中低温保存，随用随取；若需将花粉长时间存放，则要将花粉贮于塑料管中，用液氮保存效果较佳。花粉若在 1～2 天内使用，可不低温保存，但要放在阴凉干燥处，1 周内仍可保持良好的发芽能力。

（2）花粉准备　人工采集的花粉能显著提高果树的坐果率，改善果形，提高品质。为提高花粉的活性和发芽率，确保人工授粉的效果，在授粉前 1 天，先将花粉从冷藏环境中取出，平摊在洁净的油光纸上，放在阴暗、潮湿的环境中，经过 24 小时左右的适应及吸潮过程方可进行授粉，否则会严重影响花粉的发芽率及授粉效果。

（3）授粉时间　桃花的雌蕊在开花前已具备受精能力，花后 3～4 天下降。通常早开的花结实好，当树体有 50%～60% 的花开放时即进行第一次授粉，如遇阴雨、低温等不良天气，在盛花期再补授 1 次。气温适宜时，花粉萌发和花粉管生长好，在温暖、晴朗无风的上午进行授粉作业。开花期如遇连续阴雨，应在雨停后花上雨水干后授粉。授粉后 3 小时即开始受精，此时有雨也无影响。

（4）授粉量　由于桃多数品种花量较大，宜选择性地进行授粉。人工授粉时，选择长势好的花授粉，长果枝授 6～8 朵花，中果枝授 3～4 朵花，短果枝授 2～3 朵花，花束枝授 1～2 朵花。授粉花朵总量为留果量的 1.5 倍左右。

（5）授粉方法

①人工授粉。人工授粉可弥补因授粉树搭配不合理、不均匀而造成的授粉率低、坐果率低等的不足，还可弥补因早春雨水多、花粉不易散发及低温、昆虫少等自然气候因素造成的自然授粉率低、

坐果率低的弊端。

点授是果树授粉工作中常用的一种方法，即用带橡皮头的铅笔、小橡皮球、棉球、毛笔等蘸花粉向柱头点授。用授粉器具轻轻蘸取花粉，然后在柱头上轻轻一擦即可，注意不要擦伤柱头。每蘸1次花粉，可连续授3～5朵花。根据树龄、树势和管理水平确定授粉花数，开花多而水肥条件差的树少授，反之则多授；内膛下部强枝和直立枝上的花多授，外围、上部弱枝和下垂枝、先端枝的花少授，被点授的花朵在树冠内分布均匀。

杆授即用顶部有棉球的长杆从花粉多的树上蘸取花粉授给无花粉的品种。对大面积桃园果树授粉时须使用毛巾或鸡毛掸子制成的授粉杆从授粉树上蘸取花粉，之后在树上抖动将花粉授给要授粉的树。对于小面积桃园，只需在已开花的树上摘取有花粉的花朵，直接给柱头授粉，不必收集花粉，采集一朵花可以给15～20朵花授粉。

②机械授粉。大面积桃园的授粉，考虑到用工和时间的因素，可以采用机械授粉。目前市场上已有采粉机、授粉器（接触式、非接触式）销售，但使用效果不尽相同，尤其是花粉与滑石粉（或淀粉）的配比、授粉时的压力等不好控制，这都会影响到授粉效果，目前仍处于试验阶段，果农在选择时需要慎重。

③挂花枝。将授粉品种预留的花枝修剪下，插入水罐中，于盛花期挂在被授粉品种的树的树冠上部，借助风力和昆虫传播授粉。

（6）花粉保存　桃花粉在花期的常温下能存活14天左右，在28℃以上的室温下仅能存活2小时，但在低温（0～18℃）下可存活2～4年。一般宜采用低温方法贮藏花粉，如有条件，用超低温冰箱或液氮保存花粉，其活力将更高。

（7）注意事项　低温、干热风等不良天气直接影响辅助授粉的效果，在18～25℃的晴天上午授粉最好。气温低于15℃时的授粉效果不理想。如果授粉后2小时内遇雨，需要重新授粉。在人工授粉时，可结合使用保花保果剂。授粉剩下的花粉未经干燥处理及花粉发芽率鉴定低于20％时，翌年不能单独使用。

2. 疏花疏果技术

进入盛果期后，大多数桃品种花芽形成数量大，坐果率高，往往超过树体的负载量，科学合理地疏花疏果，能控制负载量，提高劳动效率，节省养分，利于坐果和幼果发育，是实现高产、稳产、优质、增效的关键措施之一。

（1）疏花疏果的原理和作用　桃树疏花疏果的原理是：花芽过多的桃树，如果不合理疏花，留花过多，就会因树体积累的养分不足而迫使花朵或幼果互相争夺养分，从而出现大量的无效花和自疏果，导致"满树花，半树果"。因此，应控制花果数量，减少养分的无效消耗，增加有效花，提高坐果率，这又协调了后期生殖生长和营养生长的矛盾。这样，就能有充足的养分来供给幼果发育、生长和花芽分化，使结果、长树、成花三不误，树势稳定，年年丰产稳产，从而有效地克服"大小年"结果现象。要达到这个目的，关键在于留花留果是否适量。留花过多，果多而小，单果轻，增果不增产，更不增值；留果过少，果个虽大，单果也重，但个数太少，也不能提高亩产量。

（2）疏花

①疏花原则。疏掉小蕾、小花，留大蕾、大花；疏掉后开的花，留先开的花，疏掉畸形花，留正常花；疏掉丛蕾、丛花，留双蕾、双花、单花。

根据树势还应掌握以下"三多三少"原则：幼旺树多留少疏，老弱枝多疏少留；外围枝多留少疏，内膛枝多疏少留；壮枝多留少疏，弱枝多疏少留。

②疏花时间及方法。疏花一般在花蕾期和花期进行。不同地区疏花时期不一致。花蕾期疏花为花蕾开始露红、开花前4～5天起进行，只需用手指轻拨就可去掉花蕾。留花蕾部位要求为：在长果枝上疏掉前部和后部的花蕾，留中间的花蕾；中、短果枝和花束状果枝留前部花蕾，去掉后部花蕾。在双花芽节位，只留1个花蕾，要留果枝两侧或斜下侧花蕾。要求花蕾间隔开。

花期疏花一般在大蕾期至盛花期进行，主要针对坐果率高的品种，疏除枝条顶部和下部花，保留枝条中部两侧花，花后疏剪细弱结果枝、过密枝，调整花量。疏花量一般为总花量的1/3。

（3）疏果

①疏果原则。合理疏果应遵循以下2个原则：疏掉三果、双果，留单果；根据不同类型果枝确定留果量，长果枝留3～4个果，中果枝留2～3个果，短果枝留1个果，花束状果枝留1/2果或不留，延长枝头和叉角之间的果全部疏掉不留。

②疏果时间及方法。疏果分2次进行：

第一次疏果在花后2～3周进行（如果疏花，可以不进行第一次疏果）。按照"先里后外，先上后下"的原则进行。首先疏除小果、病虫果、畸形果、并生果；其次疏除朝天果、无叶果，选留果枝两侧、向下生长的果。此次疏果后的留果量应为最后定果量的2～3倍。

第二次疏果也称定果。定果应根据品种、树势、树龄、果实成熟期等确定留果量。树势偏弱时，可以适当减少留果量，中小型果品种树可以适当增加留果量。留果量可根据叶果比来确定，一般是30～50片叶留1个果。

宜先疏早熟品种、大果型品种及坐果率高的品种，后疏晚熟品种。对生理落果严重、坐果率低的品种适当晚疏和多留果。就整株树而言，树冠上部和外围多留果，内膛和下部少留果；强枝多留，弱枝少留。疏果时应先内后外，先上后下，防止碰落果实。

（4）注意事项

①花果疏除越早，花果生长效果越好，尤其对促进花芽分化，防止隔年结果更为有利。

②疏花疏果延续的时间较长。由于不同品种的坐果率存在差异，尤以开花期遇阴天、晚霜、寒流时，在此时期要注意天气变化，每次疏去的花果量要留有余地。如遇倒春寒和晚霜，要在园中及时燃生烟堆或赤磷，用烟雾来提高园中温度，或使用防霜机加温，以减轻灾害。可结合果实套袋定果，以保证产量。

③人工疏花疏果费时费工，在劳力紧缺和面积较大的果园应做好计划和安排，有条件的可摸索和完善化学疏花疏果的方法或使用疏花疏果机械。

④处理好疏花疏果与保花保果的关系。疏花疏果与保花保果二者之间存在相互联系又相互矛盾的对立统一关系。疏花疏果以保花保果为基础和目的，而保花保果以疏花疏果为手段。只有采取综合措施保证花芽健壮发育、授粉良好的条件下，才可以进行合理的疏花疏果，反过来疏花疏果的目的是为了保证留在树上花果更好发育。在实际生产中，二者同等重要。

3. 套袋技术

（1）果袋种类　桃果袋种类繁多，按照不同的划分标准，可对果袋进行分类：

①按材质划分。桃果袋按材质划分有纸袋、塑料膜袋、液膜袋、无纺布袋4种，纸袋又分为报纸袋、新闻纸袋和牛皮纸袋等。

②按层数划分。桃果袋按层数可分为单层袋、双层袋、三层袋3种。单层袋可分为白色、浅黄色、黄褐色、黄色条纹、灰褐色、黑色、橙色、杂色等，双层袋可分为外黄内黑、外黄内白、外灰内黑等。

③按作用划分。桃果袋按作用划分有防病袋、防虫袋、遮光袋、增色袋、混合袋5种。

（2）果袋质量要求

①纸袋。用于桃果袋制作的纸张应符合 GB 19341—2003 中有干抗张指数、湿抗张指数、撕裂指数、透气度、吸水性、褪色程度、水分等指标的相关规定。

抗水性：在桃果袋制作过程中一般会加入抗水剂、拨水剂及湿强剂以增加纸袋的抗水性。通常还需在果袋底部一侧留小洞以利于雨水或积水排出。

透光性：果实的着色与光照有密切关系，我国不同地区由于接受的太阳辐射量存在差异，选择果袋也有差别，不同成熟期品种的适宜果袋类型也不相同，同时还需要根据各地区消费者的消费习惯选择不同果袋，以满足市场需求。

透气性：为保证桃果实在生长发育过程中能够进行正常的呼吸作用，应保证果袋的透气性。果袋的透水孔兼具透气功能，此外，通常在果袋制作时在两侧留较致密的针孔增加透气性。

纸力：选择纸纤维强度较高的未漂牛皮浆或漂白牛皮浆作为果实纸袋的原料，内袋不应采用白纸边以外的其他回收废纸作原料。

②无纺布袋。无纺布袋颜色有白色、灰色、黑色、蓝色、米色和紫色等，具有透气、透光、韧性好、不易破裂、雨淋不易摺叠等优点，还有阻止病虫进入的作用，可重复利用，节省投入。但由于无纺布较果袋纸软而桃果柄较短，袋口与果柄的紧密绑扎较困难，一定程度上降低了套袋效率，是桃生产上制约无纺布袋推广速度的一个重要因素。

③塑膜袋。塑膜袋具有透光、透气、透水、预防日灼、保持果柄水分、避免虫害等功能，其抗老化，无静电，多为白色或紫色，在干旱、高温及强日照地区，必须加入适量抗氧化剂和紫外线消抗剂。

（3）果袋选择　目前生产上桃套袋一般选用纸袋。易着色的油桃和不易着色的桃适宜用单层浅色的纸袋，如华光油桃在北方地区应首先选用白色单层纸袋，在南方地区也可用浅黄色纸袋；红色中熟桃品种最好采用单层白色或浅黄色袋；晚熟桃如中华寿桃用双层深色袋效果最好。不同品种类型用哪种果袋应根据栽培区进行相应的试验来确定。

（4）套袋时间　在疏果定果后、生理落果基本停止和当地主要蛀果害虫蛀果以前进行套袋，南京地区在5月上旬开始，石家庄地区在5月下旬开始，而北京地区在5月下旬或6月初开始。套袋前喷1次杀虫杀菌剂，干后立即进行套袋。套袋应选择晴天，避开高温、雾天，更不能在幼果表面有露水时套袋。不易落果的品种及盛果期树先套，易发生落果的品种及幼树后套。

（5）套袋顺序　套袋时要与采果顺序相反，遵循先上后下、从内到外的顺序，避免人为碰掉已套袋果，选择发育良好、果形端正的果实全园全树套袋，做到快套、不漏套。

（6）**套袋方法** 套袋前1天将袋口向下堆放于室内潮湿的地面上，使之适当返潮、软化，保持柔韧，以利扎紧袋口。套袋的具体步骤为：

①选定幼果，小心除去果面杂物。

②先用左手托住果袋，右手拨开袋口，半握拳撑鼓袋体，使袋底两角的通气排水孔张开。

③用双手执袋口下2～3厘米处，袋口向上或向下套入果实，使果柄置于果袋上沿纵切口基部，使幼果悬空于果袋内中央，不可紧贴纸袋，以免造成灼伤。叶片和枝条不要装入袋内。

④将袋口左右横向折叠，把袋口侧边扎丝置于折叠部位后边，袋口应固定于结果枝上，注意不要将扎丝缠在果柄上。

⑤向纵切口一侧捏成 V 形夹住袋口，捏紧，避免害虫、雨水和药水进入果袋内。

⑥套袋时用力方向始终向上，尽量避免果袋碰伤幼果。

（7）**拆袋** 套单层浅色纸袋易着色的油桃和不着色的桃，可带袋采收。套深色或黑色果袋的果实成熟前需进行拆袋，应根据果袋类型、桃品种特性、市场距离、采收适期确定拆袋时间。拆袋过早过晚果实品质均不理想，影响商品价值。拆袋过早，果实着色浓而不艳，果面光洁度差，与不套袋果差别不大；拆袋过晚，则果实着色不充分。

（8）**套袋及拆袋后果园管理**

①加强水肥管理。增加有机肥和磷钾肥的施用量，减少或尽量不施用化学肥料。采前20天严格控制水分供应，保持较低的土壤湿度，抑制枝条旺长，增加果实干物质积累。果实膨大期、拆袋前应分别浇1次透水，以满足套袋果实对水分的需求和防止日灼。

②加强夏剪。桃树新梢生长较旺且生长量大，需加强夏季修剪，疏除背上枝、内膛徒长枝，控制新梢旺长，改善冠内光照，从而达到节省树体营养、减少病虫危害的目的。

③叶片管理。进行叶片管理，可进一步改善果实的光照条件，

从而促进果实着色。通常使用以下 3 种方法：

单叶摘除法。将遮挡果面的叶片从叶柄处摘下。摘叶时，左手扶住果枝，用右手大拇指和食指的指甲将叶柄从中部掐断，或用剪刀剪断，而不是将叶柄从芽体上撕下，以免损伤母枝的芽体。

半叶剪除法。在采前摘叶操作时，有些肥大的功能叶仅前端半叶遮阴，如果将整个叶片摘除，树体营养损失较大，因此可采用半叶剪除的方法，剪掉直接遮挡果面的叶片前半部，以保留半叶的光合功能。

转叶法。果实采收前将直接遮挡果面的叶片扭转到果实侧面或背面，使其不再遮挡果实，以达到果面均匀着色的目的。采前转叶保留了叶片，对树体光合作用的影响最小，宜在叶片密度较小的树冠区域应用。

④铺设反光膜。选择银色反光膜，顺行向整平树盘，在拆袋后树冠下两侧覆膜，使膜外缘与树冠外缘对齐，再将膜边多处压实。反光膜可增加地面反射光照，促进果实全面着色。

（四）省力化土肥水管理技术

1. 桃园土壤管理技术

（1）清耕与除草　清耕是我国北方桃园传统的土壤耕作方法。清耕就是在整个生长季里不断地把杂草锄掉，保持土壤疏松无杂草。其优点是保持桃园整洁，避免病虫害滋生，对于干旱地区桃园来说，清耕可以切断土壤毛细管，保持土壤湿度，是抗旱保墒的好办法。采用清耕法，由于土壤直接接触空气，所以春季可提高地温，发芽早。清耕的桃园，一般能保持较好的产量水平，且果实品质较好。

（2）生草　生草就是在行间人工种草，如豆科或禾本科作物，长高后刈割覆盖于行内，一般每年要割 2～4 次，这是一种先进的土壤管理制度，可提高土壤有机质含量，改善果园小气候，防止水土流失，是目前推广的、广泛采用的效果很好的方法。但在干旱且无灌溉条件地区不适宜。

（3）覆草　覆草是在行间或全园内覆盖厚度在20厘米左右的杂草或作物秸秆，待杂草或秸秆腐烂后，再重新覆草的一种土壤管理制度。

2. 肥料使用技术

（1）桃树生长发育与营养需求

①主要营养元素的生理作用。

A. 氮。氮是叶绿素、原生质、蛋白质、核酸等重要的组成成分。它能促进一切活组织的生长发育，改善果实的质量。桃树对氮素比较敏感，氮不足时，新梢生长短，叶片薄，色浅，尤其老枝、老叶表现比较明显。

B. 磷。磷是植物细胞核的重要成分，与细胞分裂关系密切。磷的含量与光合作用、呼吸作用及碳水化合物、氮化合物的代谢与运转有关。磷在树体内可以转移。缺磷症状多发生在新梢老叶上，表现为叶狭小，初期为暗绿色，气温下降时，则为红色。新梢节间短。

C. 钾。钾虽然不是植物组织的组成成分，但它与植物许多酶的活性有关，钾对碳水化合物的代谢、细胞水分的调节及蛋白质、氨基酸合成有重要作用。缺钾时桃叶色淡、叶小、皱缩卷曲，有时纵卷并弯曲成镰刀状。

D. 钙。果胶钙是构成细胞壁的成分，钙为正常的细胞分裂所必需，也是某些酸的活化剂。桃树对缺钙较敏感，主要表现在顶梢上的幼叶从叶尖端或中脉坏死，严重时，枝条尖端以及嫩叶似火烧般地坏死，并迅速向下发展。

E. 镁。镁是叶绿素的组成成分，是许多酶系统的活化剂，能促进磷的吸收和转移，有助于植物体内糖的运转。镁在植物体内可运转并被重新利用，但桃树常表现为上部和基部同时出现缺素症。

F. 铁。铁是叶绿素合成所必需的元素，并参与光合作用，是许多酶的成分。铁在植物体内不易移动，缺铁症从幼叶开始。缺铁主要表现为叶脉保持绿色，而脉间失绿，严重时整个叶片全部黄化，最后白化，导致幼叶、嫩梢枯死。

G. 硼。硼影响某些酶的活性，促进糖分在植物体内的运输，促进花粉萌发和花粉管生长。桃树缺硼可使新梢在生长过程中发生"顶枯"。在枯死部位的下方会长出侧梢，使条枝呈现丛枝。在果实上表现为发病初期果皮细胞增厚，果面凹凸不平，以后果肉细胞变褐，木栓化。

H. 锌。锌参与生长素、核酸和蛋白质的合成，是某些酶的组成成分。缺锌主要表现为小叶，又叫"小叶病"。新梢节间短，顶端叶片挤在一起呈簇状。

I. 锰。锰是形成叶绿素和维持叶绿素结构所必需的元素，也是许多酶的活化剂，在光合作用中有重要功能，并参与呼吸过程。缺锰时嫩叶和叶片长到一定大小时呈特殊的侧脉间失绿，严重时，脉间有坏死斑，早期落叶。

②生长发育对主要营养的需求。桃树果实肥大，枝叶繁茂，生长迅速，对营养需求量高，反应敏感。若营养不足，则树势明显衰弱，果实品质变劣。桃树对营养的需求有如下特点：

A. 桃需钾素较多，其吸收量是氮素的 1.6 倍，尤其以果实的吸收量最大，其次是叶片，其是钾吸收总量的 91.4%，因而满足钾素的需要是桃树丰产优质的关键。

B. 桃树需氮量较高，且反应敏感，以叶片吸收量最大（将近总氮量的一半）。供应充足的氮素是保证丰产的基础。

C. 磷、钙的吸收量也较高，与氮吸收量的比分别为 10：4 和 10：20。磷在叶、果中含量高，钙在叶片中含量最高。需要注意的是，在易缺钙的沙性土壤中更要注意补充钙。

D. 各器官对氮、磷、钾三要素吸收量以氮为准，其比值分别为：叶 10：2.6：13.7；果 10：5.2：24；根 10：6.3：5.4。对三要素的总吸收量的比值为 10：（3～4）：（13～16）。

从上面看出，桃树为一需钾较多的果树，在生产上要注意钾肥的施用。

（2）桃园施肥

①土壤养分来源。

A. 来源于矿物质的养分。土壤矿物质营养最基本的来源是矿物质风化所释放的养分，由于不同成土母质发育的土壤其矿物质组成不同，所以风化产物中释放的养分种类和数量也不同。如玄武岩中含五氧化二磷 0.34%、氧化钾 2.0%、氧化钙 8.9%、氧化镁 6%～8%、氧化铁 11.75%，云母和正长石分解后含钾较多，石灰岩含钙多，磷灰石较易风化，是提供土壤中磷、硫、镁的物质来源。

B. 来源于有机质的养分。土壤中养分元素绝大部分是以有机态累积并贮藏在土壤中的。它们在土壤中的含量与土壤有机质含量密切相关。由于土壤有机质的分解比岩石矿物风化的速度快，所以由土壤有机质提供的养分元素所占的比重也较大。土壤有机质在土壤微生物的活动下不断地进行分解，所以说必须通过增施肥料，不断地补充更新，提高土壤养分含量。

C. 其他来源。由共生或非共生固氮微生物的作用，给土壤提供化合态氮素，也是一种来源。另外，大气中产生的各种硫或氧化物以及氨等气体，还有镁、钾、钙等物质，它们都可以随雨、雪等进入土壤中。

从上述可以看出，由于各地自然条件差异很大，土壤中能够累积和贮藏的养分数量是很少的，只能供应桃生长发育重要的很少量养分。要想获得优质、高产，就必须向土壤中投入一定数量的各种养分。因此，人工施肥是土壤养分的重要来源。

②土壤养分的特点。当前我国果园土壤养分的特点是"两少一多"。

A. 土壤中的有机质含量少，现在一般<0.5%。而国外的土壤有机质含量一般在 3%左右，高者达 5%。我国土壤有机质含量因不同地区而异。东北平原的土壤有机质含量最高，达 2.5%～5%，而华北平原土壤有机质含量低，仅在 0.5%～0.8%。江苏丰县大沙河 10 个果园的有机质含量平均为 0.567%，最高为 0.751%，最少为 0.386%。

B. 土壤中的营养元素含量少，包括大量元素、微量元素，远远满足不了作物的需求。

a. 土壤中氮素含量。土壤中氮素含量除了少量呈无机盐状态存在外，大部分呈有机态。土壤有机质含量越多，含氮量也越高。一般来说，土壤含氮量为有机质含量的 1/20～1/10，当然也有例外，但大体上是这种比例。我国土壤耕层全氮含量以东北黑土地区最高，在 0.15％～0.52％，华北平原和黄土高原地区最低，为 0.03％～0.13％。

b. 土壤中磷素含量。我国各地区土壤耕层的全磷含量一般在 0.05％～0.35％，东北黑土地区土壤含磷量也较高（0.17％～0.26％），其他地区都较低，尤其南方红壤土含量最低。

c. 土壤中钾素含量。我国各地区土壤中速效钾含量为每 100克土 4.0～45 毫克，一般华北、东北地区土壤中钾素含量高于南方地区。

C. 重金属元素和有机氯农药残留多。重金属元素主要是指汞、砷、铅、镉、铬等，有机氯农药主要是指滴滴涕和六六六等，这些都是有毒物质。

要生产优质、无公害果品，对土壤的要求是土壤有机质含量高、有效矿物质含量高、营养丰富，且土壤中的有害物质要少。从各地土壤养分的特点看，现在土壤中的有机质含量少，而有害物质却较多。分析原因，主要是近 20 年来，由于化肥和农药的兴起，其施用量太多所致。为保证生产出符合标准的无公害果品，应多施有机肥，少施化肥，农药尽可能不施。

③肥料的种类及特点。

A. 有机肥的种类及特点。有机肥是指含有较多有机质的肥料，主要包括粪尿肥、堆沤肥、土杂肥、饼肥等，这类肥料主要是在农村中就地取材、就地积制、就地施用，又称为农家肥。它具有以下特点：有机肥料所含养分全面，它除含桃生长发育所必需的大量元素和微量元素外，还含有丰富的有机质，是一种完全肥料；有机肥中营养元素多呈复杂的有机形态，必须经过微生物的分解才能被作物吸收、利用。因此，其肥效缓慢而持久，一般为 3 年，是一种迟效性肥料；有机肥养分含量较低，施用量大，施用时需要较多的劳动力和运输力、不太方便，因此，在积造时要注意提高质量；有机肥含有大量的有机质和腐殖质，对改土培肥有重要作用，除直接提供给土壤大量养分外，还有活化土壤养分、改善土壤理化性状、促进土壤微生物活动的作用。

B. 化肥的种类及特点。化学肥料又称无机肥料，简称化肥。近代化肥发展的方向是高效化、复合化、液体化和长效化，总的趋势是发展高效复合肥料。常用的化肥可分为氮肥、磷肥、钾肥、复合肥料、微量元素肥料等，它们大都具有以下特点：养分含量高，成分单纯；肥效快而短；一般不含有机物质；有酸碱反应。

C. 绿肥的种类及特点。凡是将绿色的青嫩植物直接翻压或割下堆沤作为肥料施用的都称为绿肥，作为绿肥而栽培的作物称为绿肥作物。实际上，绿肥也是有机肥料的一种。种植绿肥作物可以增加土壤养分，尤其可以增加土壤中有机质、大量元素和多种微量元素。据研究，绿肥作物的氮、磷、钾三要素中，以氮最多（鲜草中为 0.50%～1.32%），其次为钾（鲜草中为 0.13%～0.80%，干草中为 1.10%～2.40%），再次为磷（鲜草中为 0.04%～0.90%），而且还含有一定量的微量元素。

④生产无公害果品合理施肥的原则。

A. 有机肥料和无机肥料配合施用，互相促进，以有机肥料为主。有机肥料养分含量丰富，除含有多种营养元素之外，还含有植物激素等，肥效时间比较长，而且长期施用可增加土壤有机质含量，改良土壤物理特性，提高土壤肥力。可见有机肥料是不可缺少的重要肥源。但是有机肥肥效较慢，难以满足桃树在不同生育阶段的需肥要求，而且所含养分数量也不一定能达到桃树一生中总需肥量。

无机化养分含量高、浓度大、易溶性强、肥效快，施后对桃的生长发育有极其明显的促进作用，已成为高产不可缺少的重要肥源。但无机肥料中养分比较单纯，即使是含有多种营养元素的复合肥料，其养分含量也较有机肥少得多，而且长期施用会破坏土壤结构。

如果将有机肥料与无机肥配合施用，不仅可以取长补短，缓解相济，有节奏地平衡供应桃生产所需养分，符合桃生长发育规律和需肥特点，有利实现高产稳产和优质，而且还能相互促进，提高肥料利用率和增进肥效，节省肥料，降低生产成本。

无机肥料对有机肥料也有良好的促进作用。首先无机肥料能提高桃树对辐射能和二氧化碳的利用，改善农田生态环境，增加大量有机物来源；其次，有机物质的增加为厩肥、堆肥的增加提供了有利条件，促进了营养物质的良性循环；第三，无机肥料能协调桃树对养分的需求，提高桃树对有机肥料和土壤潜在肥力的利用。

B. 氮、磷、钾三要素合理配比，重视钾肥的应用。在生产中往往出现重视氮、磷肥，尤其是氮肥，而忽视钾肥的现象，造成产量低、品质差。不同化肥之间的合理配合施用，可以充分发挥肥料之间的协助作用，大大提高肥料的经济效益。例如，氮、磷两元素具有相互促进的作用，特别在肥力较低的地块成效明显。据调查，一般单施氮素的利用率为 35.3%，而氮、磷配施的利用率可提高至 51.7%。所以说，在施用氮肥的基础上，配合施用一定的磷肥，两者之间相互促进，即使在不增加氮肥用量的情况下，也能使产量进一步提高。磷、钾肥配合施用效果更佳。桃树是需钾较多的树种，要提高产量和品质，必须重视施用钾肥。

C. 不同施肥方法结合使用，并以基肥为主。主要施肥方法有基肥、根部追肥和根外追肥三种。一般基肥应占施肥总量的 50%～80%，还应根据土壤自身肥力和肥料特性而定。根部追肥具有简单易行而灵活的特点，是生产中广为采用的方法。对于需要量小、成本较高、又没有再利用能力的微量元素，一方面可以通过叶面喷洒的方法，既可节约成本，效果也比较好；另一方面，与基肥充分混合后施入土壤中，也可以结合喷药，加入一些尿素、磷酸二氢钾，以提高光合作用，改善果实品质，提高抗寒力。

⑤桃树施肥技术。桃树是一个需钾较多的树种，在施肥时应多施钾肥。近几年，我国各地特别是华北地区，由于土壤 pH 过高，易发生缺铁黄叶病，要注意改善土壤环境或施有效铁。

A. 基肥。施用时期是果实采收后施入，一般是在 9 月，秋季没有施基肥的桃园，可在春季土壤解冻后补施。基肥施肥量一般占全年施肥量的 50%～80%，每亩施入 4 000～5 000 千克，以腐熟的农家肥为主，适量加入速效化肥和微量元素肥料（过磷酸钙、硼砂、硫酸亚铁、硫酸锌、硫酸锰等）。桃根系较浅，大多分布在 20～50 厘米深度的土壤内，因此，施肥深度宜在 30～40 厘米。一般有环状沟施、放射沟施、条施和全园普施等。环状沟施即在树冠外围开一环绕树的沟，沟深 30～40 厘米，沟宽 30～40 厘米，将有机肥均匀施入沟内，填土覆平。放射沟施即自树干旁向树冠外围开几条放射沟施肥。条施是在树的东西或南北两侧，开条状沟施肥，但需每年变换位置，以使肥力均衡。全园普施，施肥量大而且均匀，施后翻耕，一般应深翻 30 厘米。

施基肥的注意事项：一是在施基肥挖坑时，注意不要伤大根，以免损伤太大，几年都不能恢复，过多地影响吸收面积。二是基肥必须尽早准备，以便能够及时施入，施用的肥料要先经过腐熟。三是相同肥料连年施用比隔年施用效果好。四是有机肥与难溶性化肥及微量元素肥料等混合施用。有些难溶性化肥如与有机肥混合发酵后施用可增加其有效性。在基肥中可加入适量硼，一般每公顷 15.0～22.5 千克硼酸，将 30～45 千克硫酸亚铁与有机肥混匀后一并施入。五是要不断变换施肥部位。据观察，在施肥沟中有多数细根集聚，但枯死根也相当多，且细根越多的部分，枯死根也越多，这与局部施肥量过多、根系生长受阻而腐烂枯死有一定的关系。试验和生产实践也证明，不能总在同一地方挖沟施肥，应该变换施肥部位或变换施肥方法。六是施肥深度要合适，不要地面撒施和压土式施肥。

B. 土壤追肥。追肥是生长期施用肥料，以满足不同生长发育过程对某些营养成分的特殊需要。根部追肥就是速效性肥料施于根系附近，使养分通过根系吸收到植株的各个部位，尤其是生长中心。

追肥时期为萌芽前后、果实硬核期、催果肥、采收后。生长前期以氮肥为主，生长中后期以磷、钾肥为主。钾肥应以硫酸钾为主。值得注意的是，每次施肥后必须进行灌水。

C. 叶面喷肥。在开花期喷 0.2%～0.5%的硼砂，生长期喷施 0.1%～0.4%的硫酸锌。缺铁时喷有机铁制剂。整个生长季可以喷 3～4 次 0.3%～0.4%的尿素和 0.2%～0.4%磷酸二氢钾。根外追肥应注意如下问题：在不发生肥害的前提下，尽可能使用高浓度肥料，只有这样才能最大限度地满足植物对养分的需要，且能加速肥料的吸收。

⑥桃树的施肥量。影响施肥量的因素有品种、树龄、树势、产量和土质。开张型品种如大久保生长较弱、结果早，应多施肥；直立型品种生长旺，可适量少施肥。坐果率高、丰产性强的品种应多施肥；反之则少施。树龄、树势和产量三者是相互联系的。树龄小的树，一般树势旺、产量低，可以少施氮肥，多施磷钾肥；成年树树势减弱、产量增加，应多施肥，注意氮、磷和钾肥的配合，以保持生长和结果的平衡；衰老树长势弱、产量降低，应增施氮肥，促进新梢生长和更新复壮。一般幼树施肥量为成年树的 20%～30%，四至五年生树施肥量为成年树的 50%～60%，六年生以上的树达到盛果期的施肥量。土壤瘠薄的沙土地、山坡地，应增加施肥量；肥沃的土地，应相应减少施肥量。

3. 桃园节水灌溉与排水

桃树对水分较为敏感，表现为耐旱怕涝，但自萌芽果实成熟需要供给充足的水分，才能满足正常生长发育的需求。适宜的土壤水分有利于开花、坐果、枝条生长、花芽分化、果实生长与品质提高。在桃整个生长期，土壤含水量在 40%～60%的范围内有利于枝条生长与生产优质果品。试验结果表明，当土壤含水量降到 10%～15%时，枝叶出现萎蔫现象。1 年内不同的时期对水分的要求不同。桃需水的 2 个关键时期，即花期和果实最后膨大期。如花期水分不足，则萌芽不正常，开花不齐，坐果率低；如果实最后膨大期遇干旱，则影响果实细胞体积的增大，减少果实重量和体积。这两个时期应尽量满足桃树对水分的需求。若桃树生长期水分过多，土壤含水量高或积水，则土壤中氧气不足、根系呼吸受阻而生长不良，严重时出现死树。因此，需根据不同品种、树龄、土壤质地、气候特点等来确定桃园灌、排水的时期和灌水量。

（1）灌水

①灌水时期。

A. 萌芽期和开花前。这次灌水是补充长时间的冬季干旱，为使桃树萌芽、开花、展叶，早春新梢生长，扩大枝、叶面积，提高坐果率做准备。此次灌水量要大。在南方正值雨水较多的季节，要根据当年降水情况安排灌水，以防水分过多。

B. 花后至硬核期。此时枝条、果实均生长迅速，需水量较多，枝条生长量占全年总生长量的 50% 左右。但硬核期对水分也很敏感，若水分过多则新梢生长过旺，与幼果争夺养分会引起落果，因此灌水量应适中，不宜太多。在南方正遇梅雨季节，应根据具体情况确定，如雨水过多，需加强排水。

C. 果实膨大期。一般是在果实采前 20～30 天，此时的水分供应充足与否对产量影响很大。此时早熟品种在北方还未进入雨季，需进行灌水。中早熟品种（6 月下旬以后）已进入雨季，灌水与否以及灌水量视降雨情况而定。此时灌水也要适量，灌水过多有时会造成裂果、裂核。南方此时正值旱季，特别是 7 月下旬至 8 月，应结合施肥灌水。

D. 封冻水。我国北方秋、冬干旱，在入冬前充分灌水，对桃树越冬有好处。灌水的时间应掌握在以水在田间能完全渗下去、不在地表结冰为宜。

②灌水方法。

A. 地面灌溉。有畦灌和漫灌，即在地上修筑渠道和垄沟，将水引入果园。其优点是灌水充足、保持时间长，但用水量大，渠、沟耗损多，在水源充足地区可以采用。

B. 喷灌。喷灌在我国发展较晚，近 10 年发展迅速。喷灌比地面灌溉省水 30%～50%，并有喷布均匀，减少土壤流失，调节果园小气候，增加果园空气湿度，避免干热、低温和晚霜对桃树的伤害等优点。同时节省土地和劳动力，便于机械化操作。但在风多风大的地区不宜应用。

C. 滴灌。将灌溉用水在低压管系统中送达滴头，由滴头形成水滴后，滴入土壤而进行灌溉，用水量仅为沟灌的 $1/5 \sim 1/4$，是喷灌的 $1/2$ 左右，而且不会破坏土壤结构，不妨碍根系的正常吸收，具有节省土地、增加产量、防止土壤次生盐渍化等优点。对于提高果品产量和品质有益，是一项有发展前途的灌溉技术，特别在我国缺水的北方应用前途广阔。滴灌系统主要由水泵、过滤器、压力调节阀门、流量调节器及化肥混合罐、输水管和滴头等部分组成。

桃园进行滴灌时，滴灌的次数和灌水量依灌水时期和土壤水分状况不同而不同。在桃树的需水临界期进行滴灌时，春旱年份可隔天灌水，一般年份可 $5 \sim 7$ 天灌水 1 次。每次灌溉时，应使滴头下一定范围内土壤水分达到田间最大持水量，而又无渗漏为最好。采收前灌水量，以使土壤湿度保持在田间最大持水量的 60% 左右为宜。

③灌水与防止裂果。有些品种易发生裂果，如 21 世纪、华光、瑞光 3 号等，这与品种特性有关，但也与栽培技术有关，尤其是与土壤水分状况有关。尽量避免前期干旱缺水，后期大水漫灌。因为灌水对果肉细胞的含水率有一定影响，如果能保持稳定的含水量，就可以减轻或避免裂果。滴灌是最理想的灌溉方式，它可为易裂果品种的生长发育提供较稳定的土壤水分和空气湿度，有利于果肉细胞的平稳增大，减轻裂果。如果是漫灌，也应在整个生长期保持水分平衡，果实发育期适时灌水，保持土壤湿度相对稳定。在南方要注意雨季排水。

（2）排水 桃树怕涝，桃园一旦积水，土壤中空气被挤走，就会使桃树进行无氧呼吸，产生乙醇、甲烷等有害物质，造成根系毒害，故积水易导致桃树死亡。排水主要采用以下方法：

①明沟排水。山坡地桃园依地势采用等高线挖排水沟。平地果园排水沟一般在每行或每 2 行树挖 1 排水沟，将这些沟相连，把水排出桃园。

②深沟高垄。容易积水的平地果园需筑高垄，垄顺行向，中心

高，两侧低。垄两侧各开 1 排水沟，并与总排水沟接通，天旱时顺沟渗灌，涝时顺沟排水。

4. 水肥一体化技术

水肥一体化技术是一项先进的节本增效的实用技术，在有条件的地区只要前期的投资解决，又有技术支持，推广应用起来将成为助农增收的一项有效措施。水肥一体化技术能有效缓解水资源紧缺与果树产业发展用水需求大的矛盾，克服大水漫灌、盲目施肥引起的水资源利用率低下、肥料养分严重流失、环境污染加剧和农产品品质下降等现象，实现灌水、施肥、用药等一体化管理，达到节水、节肥、减药、省工、改善生态环境、提高果树产量和改善品质等综合目的。

（1）正确理解水肥一体化技术　水肥一体化就是将灌溉与施肥融为一体的农业新技术，把肥料和水配成最适合树体生长发育的浓度，水肥一体化技术是借助压力灌溉系统，将可溶性固体肥料或液体肥料配兑而成的肥液与灌溉水一起，均匀、准确地输送到作物根际土壤，满足树体的生长发育。压力灌溉有喷灌和微灌等形式，目前常用形式是微灌与施肥的结合，且以滴灌、微喷与施肥的结合居多。微灌施肥系统由水源、首部枢纽、输配水管道、灌水器 4 部分组成。水源有河流、水库、机井、池塘等；首部枢纽包括电机、水泵、过滤器、施肥器、控制和量测设备、保护装置；输配水管道包括主、干、支、毛管道及管道控制阀门；灌水器包括滴头或喷头、滴灌带。

（2）微灌施肥方案

①微灌制度的确定。根据种植作物的需水量和作物生育期的降水量确定灌水定额。露地微灌施肥的灌溉定额应比大水漫灌减少50%，保护地滴灌施肥的灌水定额应比大棚畦灌减少 30%～40%。灌溉定额确定后，依据作物的需水规律、降水情况及土壤墒情确定灌水时期、次数和每次的灌水量。

②施肥制度的确定。微灌施肥技术和传统施肥技术存在显著的差别。合理的微灌施肥制度，应首先根据种植作物的需肥规律、地

块的肥力水平及目标产量确定总施肥量、氮磷钾比例及底肥、追肥的比例。底肥在整地前施入，追肥则按照不同作物生长期的需肥特性，确定其次数和数量。实施微灌施肥技术可使肥料利用率提高40%～50%，故微灌施肥的用肥量为常规施肥的50%～60%。

③肥料的选择。微灌施肥系统施用底肥与传统施肥相同，可包括多种有机肥和多种化肥。但微灌追肥的肥料品种必须是可溶性肥料。符合国家标准或行业标准的尿素、碳酸氢铵、氯化铵、硫酸铵、硫酸钾、氯化钾等肥料纯度较高、杂质较少、溶于水后不会产生沉淀，均可用作追肥。一般采用磷酸二氢钾等可溶性肥料作追肥补充磷素。追肥补充微量元素肥料，一般不能与磷素追肥同时使用，以免形成不溶性磷酸盐沉淀，堵塞滴头或喷头。

（3）配套技术措施　实施水肥一体化技术要配套应用作物良种、病虫害防治和田间管理技术，还可因作物制宜，采用地膜覆盖技术，形成膜下滴灌等形式，充分发挥节水节肥优势，达到提高作物产量、改善作物品质、增加效益的目的。

目前，现代化的水肥一体化技术很多果农做不到，但能做到的是，施肥后马上浇水，这也算是"水肥一体化"。再就是新型的冲施肥的使用也大大推进了水肥一体化的进程。

（五）主要病虫害综合防控技术

传统的果树生产方式是以农药、化肥等农业生产资料为基础的生产技术系统，缺乏相对完整、配套、可操作的农业生产过程控制技术体系、标准和具体措施。果品节本安全生产是各国生产者追求的目标，对此，需要进行果园综合管理（IFM或IPM），即综合应用栽培手段、物理、生物和化学方法，将病虫害控制在经济可以承受的范围之内，从而有效地减少化学农药的用量。

1. 节本综合防控

桃树病虫害防控要积极贯彻"预防为主，综合防治"的植保方针。以农业和物理防治为基础，提倡生物防治，按照病虫害的发生规律和经济阈值，科学使用化学防治技术，有效控制病虫危害。改善田间生态系统，创造适宜果树生长而不利于病虫发生的环境条件，达到生产安全、优质、绿色果品的目的。

综合防治的应用并不是几种防治措施的累加，也不是所有的病虫害都必须强调应用的，而是以主要病虫害为主，兼顾其他病虫。果树病虫害综合防治方法包括植物检疫、农业措施防治、物理防治、生物防治、化学防治等措施。

（1）搞好病虫害预测预报　果树病虫害的预测预报就是根据病虫害的生活习性和发生规律，分析其发生趋势，预先推测出防治的有利时机，及时采取有效的防治措施，达到控制病虫危害和保护果树的目的。各地果树主要病虫害的种类和发生规律相差很大，必须根据当地实际情况，绝对不能生搬硬套。只有搞好病虫害的预测预报，才能掌握防治工作的主动权，减少打药次数，降低成本，提高防治效果。

果树病虫害的预测预报主要包括两方面的内容：发生期的预测预报和发生量的预测预报。

①发生期的预测预报。害虫有各种趋性，例如蛾类害虫有趋光性，利用黑光灯可以诱集它们，根据每天捕捉的虫量，可以预报成虫出现的时期，从而推测成虫产卵的高峰期和幼虫危害时期，为大面积害虫的防治提供依据。梨小食心虫对糖醋液有趋化性，桃小食心虫对性外激素有趋性，我们也可以利用害虫的这些习性进行诱捕。

利用果树生长的物候期也可以进行预报。果树害虫的发生往往和果树生长发育的不同物候期（如萌芽、展叶、开花、坐果、果实膨大等）有密切的相关性。因此，利用物候期可以预测害虫的发生。

②发生量的预测预报。根据气候条件的变化，可以预测果树病虫害的发生。如多雨的年份，红蜘蛛的发生较轻，而干旱年份，红蜘蛛发生十分猖獗。夏季连阴雨天气造成的高温高湿条件，利于桃树病害的发生。通过害虫的分布和密度的调查，了解虫口基数，如山楂红蜘蛛成虫出蛰害芽期，每个花芽有 2 个以上的虫口时，可以

发出预报，进行防治。

（2）加强检疫　植物检疫是"预防为主，综合防治"的一项重要措施。它是国家运用法律的力量，强制性禁止或限制果树危险性病虫害传播。对苗木、接穗、插条、种子等繁殖材料及果品等进行严格检疫，防止危险性的病、虫传播蔓延，坚决切断传染源。因为危险病虫一旦传入，消灭它将花费大量人力、物力、财力。

（3）农业防治　农业防治是利用先进农业栽培管理措施，有目的地改变某些环境因子，使其有利于果树生长，不利于病虫发生危害，从而避免或减少病虫害的发生，达到保障果树健壮生长的目的。

①加强栽培管理，合理负载，保持健壮的树势，提高树体抗病能力。果园翻耕是桃树管理的一项常用措施，既可起到疏松土壤、促进桃树根系生长的作用，也可将地表的枯枝落叶翻于地下，把土中越冬的害虫翻于地表。

②清扫枯枝落叶与刮树皮。通常在桃树落叶后进行，可消灭在叶片越冬的病虫，如桃潜叶蛾等；结合冬季修剪，消灭在枝干上越冬的病虫，如桑白蚧、桃疮痂病、桃炭疽病和细菌性穿孔病。第一、二代梨小食心虫发生期，正是新梢生长期，发现有桃梢萎蔫时，及时剪除。对局部发生的桃瘤蚜危害梢和黑蝉产卵枯死梢也应及时剪除并烧掉。刮除主枝、主干粗老翘皮。刮皮时期应掌握在天敌已能爬动逃生而害虫尚未出蛰时进行。在要刮皮的树下铺盖塑料布或报纸，以便于收集粗翘皮。

③改善果园生态环境。

A. 果园生草。果园种植白三叶草、紫花苜蓿以后，天敌出现高峰期明显提前，而且数量增多。

B. 种植藿香蓟。此为药用植物，可大量栖息繁殖各类害螨的天敌——捕食螨。以上方法可以作为多种天敌的转主寄主或补充寄主，使果园害虫天敌能连续不断地繁殖。

C. 种植驱虫作物。如在桃树行间栽种大葱、马铃薯等，利用其特殊气味驱除红蜘蛛。

D. 种植诱集害虫作物。如向日葵，选择矮秆、盘大、开花早的向日葵品种，4 月中下旬播种，每 100 平方米留 1～2 株即可。利用桃蛀螟的成虫羽化后到向日葵花盘上取食、产卵，幼虫孵化后蛀食花托和籽粒特性，在幼虫危害期集中把幼虫杀死。

E. 果实套袋可以把果实与外界隔离，减少病原菌的侵染机会，阻止害虫在果实上的危害，也可避免农药与果实直接接触，提高果面光泽度，减少农药残留。

④树干绑缚草绳。于果实采收后，在主干分枝以下绑缚 3～5 圈松散的草绳或诱虫带，可诱集到大量越冬害虫。待害虫完全越冬后到出蛰前解下集中销毁或深埋，消灭越冬虫源。

⑤人工捕虫。许多害虫有群集和假死的习性，金龟子有假死性和群集危害特点，茶翅蝽有群集越冬的习性，桃红颈天牛成虫有在枝干栖息的习性，可以利用害虫的这些习性进行人工捕捉。

（4）物理防治

①灯光诱杀。利用黑光灯、频振灯诱杀蛾类、某些叶蝉及金龟子等具有趋光性的害虫。将杀虫灯架设于果园树冠顶部，可诱杀果树各种趋光性较强的害虫，降低虫口基数，并且对天敌伤害小，达到防治的目的。

②糖醋液诱杀。许多成虫对糖醋液有趋性，因此可利用该习性进行诱杀，如梨小食心虫、卷叶蛾、桃蛀螟、红颈天牛等。将糖醋液盛在水碗或水罐内即制成诱捕器，将其挂在树上，每天或隔天清除死虫，并补足糖醋液。

③性外激素诱杀。性外激素应用于果树鳞翅目害虫防治的较多。其防治作用包括害虫监测、诱杀防治和迷向防治 3 个方面。性诱剂一般是专用的，种类有苹小卷叶蛾、桃小食心虫、梨小食心虫、桃潜叶蛾、桃蛀螟等性诱剂。国外对于梨小食心虫等害虫主要推广利用性信息素迷向防治，利用塑料胶条缓释技术，一次释放性信息素可以控制整个生长期危害。使用性信息干扰剂后大幅度减少了杀虫剂的使用（80％以上）；国内研究出在压低梨小食心虫密度条件下，于发蛾低谷期利用性诱剂诱杀成虫的防治技术，进行小面

积防治示范，可减少化学农药使用 1～2 次。

（5）生物防治

①利用天敌，控制害虫危害。保护和利用自然界害虫的天敌是生物治虫的有效措施，成本低、效果好、节省农药、保护环境。害虫天敌主要有七星瓢虫、异色瓢虫、龟纹瓢虫、中华草蛉、大草蛉、丽草蛉、小花蝽、塔六点蓟马、捕食螨、蜘蛛和各种寄生蜂、寄生蝇等。

②利用微生物及其产物。在自然界有一些病原微生物，如细菌、真菌、病毒、线虫等，在条件合适时能引发流行病，致使害虫大量死亡。

A. 苏云金杆菌。是目前产量最大的微生物杀虫剂，又称为 Bt，主要防治刺蛾、卷叶蛾等鳞翅目害虫。

B. 白僵菌制剂。白僵菌是虫生真菌，应用球孢白僵菌防治出土期桃小食心虫、卵孢白僵菌防治蛴螬类害虫都取得了很好效果。

C. 病原线虫。侵染线虫能从昆虫自然孔口或从表皮钻入寄主体内，释放所携带的共生细菌，线虫和菌同时以寄主组织为养料增殖，产生毒素杀死寄主昆虫。目标害虫较专一，已成功防治的害虫有桃红颈天牛、桃小食心虫等，对鳞翅目害虫幼虫尤为有效。

（6）化学防治　化学农药防治果树病虫害是一种高效、速效、特效的防治技术，但它存有严重的副作用，如病虫易产生抗性、对人畜不安全、杀伤天敌等，因此要慎重使用化学农药，只能作为病虫害发生时的应急措施，或在其他防治措施效果不明显时采用。在使用中我们必须严格执行农药安全使用标准，减少化学农药的使用量。合理使用农药增效剂。适时打药，均匀喷药，轮换用药，安全施药。

①正确选用农药。全面了解农药性能、保护对象、防治对象、施用范围。正确选用农药品种、浓度和药量，避免盲目用药。禁止使用剧毒、高毒、高残留农药和致畸、致癌、致突变农药。允许使用生物源农药、矿物源农药及低毒、低残留的化学农药。限制使用的中等毒性农药品种有功夫、灭扫利、来福灵、氰戊菊酯、氯氰菊

酯、敌敌畏、哒螨灵、抗蚜威、毒死蜱、杀螟硫磷等。

②适时用药。正确选择用药时机可以有效防治病虫害，且不杀伤或少杀伤天敌。化学防治应在病虫害初发阶段或尚未蔓延流行之前，此时害虫发生量小、尚未开始大量取食。此时防治对压低病虫基数、提高防治效果有事半功倍的效果。

③交替用药。防治病虫不要长期单一使用同一种农药，应尽量选用作用机理不同的农药品种，如拟除虫菊酯、氨基甲酸酯、昆虫生长调节剂以及生物农药等，交替使用，也可在同一类农药中不同品种间交替使用。杀菌剂中内吸性、非内吸性和农用抗生素交替使用，也能延缓病虫抗药性的产生。

④合理混用农药。将两三种不同作用方式和机理的农药混用，可延缓病虫抗药性的产生和发展速度。农药能否混用，一是要有明显的增效作用，二是对植物不能发生药害，对人、畜的毒性不能超过单剂，三是能扩大防治范围，四是降低成本。混配农药也不能长期使用，否则同样会产生抗药性。

⑤重视桃树萌芽期的化学防治。桃树萌芽期，在树体上越冬的大部分害虫已经出蛰，并上芽危害。

⑥大力推行节药技术。节药技术是指在不降低病虫害防治效果的前提下，采取提高农药利用率、增强药效等方式降低化学农药用量的技术。节药技术在降低农药合成、能源消耗的同时，也降低了农药残留量，从而防止农业环境污染和提高农产品品质，具有节能、减排、降污的多重功效。

我国喷施农药的有效利用率为30%左右，杀虫剂田间喷施后真正达到害虫体的药量不到施药量的1%，即99%以上的农药不仅没有发挥杀虫作用，而且变成了污染源。从病虫害防治和农药使用过程看，节药技术有以下几个方面：

A. 农药减量技术。根据病虫害发生规律，以及对虫情和防治条件（天气、气候等）的准确预报，确定合理用药量和防治时间，减少农药用量。

B. 机械节药技术。采用先进的农药施用机械进行精准喷雾作业，避免施药过程中的"跑、冒、滴、漏"现象，提高农药利用率，减少农药用量，国外报道在喷雾机上采用了（少飘）喷头，可使飘移污染减少 33％～60％；在喷雾机的喷杆上安装防风屏，使常规喷杆的雾滴飘移减少了 65％～81％。如低量静电喷雾机（可节药 30％～40％）、自动对靶喷雾机（可节药 50％）、防飘喷雾机（可节药 70％）、循环喷雾机（可节药 90％）等。同时，要不断改进施药技术，通过示范引导，逐渐使农民改高容量、大雾滴喷洒为低容量、细雾滴喷洒，提高防治效果和农药利用率。

C. 化学农药替代技术。主要有农业防治措施、物理防治措施、生物防治措施等。

2. 桃园生态友好型病虫害综合防治规程

掌握田间主要病虫的发生情况，以防治主要病虫为主，兼顾次要病虫，将主要病虫害的综合防治技术组装集成制定出安全、高效、经济（低成本）的病虫害防治规程。

（1）休眠期（12 月至翌年 2、3 月）

①重点防治腐烂病、流胶病、褐腐病、穿孔病、炭疽病、疮痂病、缩叶病、红蜘蛛、梨小食心虫、桑白蚧、苹小卷叶蛾、康氏粉蚧等。

②清除枯枝落叶，将其深埋或烧毁；结合冬剪，剪除病虫枝；刮除老粗翘皮、病瘤病斑等；深翻树盘（20～30 厘米）。

③芽萌动期全园喷干枝，可选药剂包括腐必清或农抗 120 或5％菌毒清 100 倍液、3～5 波美度石硫合剂。虫害严重的可喷 95％机油乳剂 50～80 倍液，或喷 40％氟硅唑 5 000 倍液加 90％灭多威3 000 倍液。树干绑粘虫胶带防治红蜘蛛、草履蚧等上树危害。

（2）萌芽至开花期（3—4 月）

①重点防治腐烂病、流胶病、穿孔病、缩叶病、蚜虫。

②刮除枝干上的病斑和病瘤，并涂腐必清 2～3 倍液或农抗120 水剂 10～20 倍液。

③喷布 50％多菌灵 600 倍液或 70％甲基托布津 800 倍液加10％吡虫啉 3 000 倍液、5％高效氯氰菊酯 2 000 倍液。

④田间悬挂黑光灯、频振式杀虫灯、性诱芯、黄色粘虫板等可诱集捕杀害虫。还可采用人工方式驱赶、振落金龟子。

（3）新梢生长期（4月中旬至5月上旬）

①重点防治褐腐病、穿孔病、炭疽病、蚜虫、梨小食心虫、卷叶虫、潜叶蛾、红蜘蛛等。

②喷布80％代森锰锌800倍液加3％啶虫脒2 000倍液加4.5％高效氯氰菊酯1 500倍液防治褐腐病、炭疽病、蚜虫、卷叶虫等。

③喷布72％农用链霉素3 000倍液加1.8％阿维菌素4 000倍液加硼钙宝1 200倍液防治细菌性穿孔病、红蜘蛛、潜叶蛾、缺素症等。

④及时摘除被害新梢，集中烧毁，消灭梨小食心虫幼虫。

（4）幼果期（5—6月）

①重点防治褐腐病、穿孔病、疮痂病、炭疽病、茶翅蝽、桃蛀螟、梨小食心虫、红蜘蛛、潜叶蛾、球坚蚧。

②针对病害，视降雨情况，每10～15天喷一次杀菌剂，药剂可选用50％多菌灵600倍液或70％甲基硫菌灵800倍液，80％代森锰锌800倍液，50％异菌脲1 500倍液，40％氟硅唑6 000倍液，68.75％易保1 500倍液等，注意内吸治疗剂和保护性杀菌剂交替使用。

③麦收前后是红蜘蛛防治关键时期，若平均每片叶有3～5头红蜘蛛，就得使用药剂进行防治。所选药剂为5％尼索朗2 000倍液，15％哒螨灵2 000倍液，25％三唑锡1 500倍液，1.8％阿维菌素4 000倍液。

④这一时期是梨小食心虫第一代成虫期、苹小卷叶蛾越冬代成虫期、桃蛀螟越冬代成虫发生期，喷药防治是关键。药剂可选用：1.8％阿维菌素5 000倍液，或15％灭幼脲3号1 500倍液，或20％氰戊菊酯2 000倍液，或48％毒死蜱乳油1 500倍液，或90％万灵粉3 000倍液等。

⑤实施果实套袋，可减少防治次数，并能显著减少农药残留和

提高果品质量。

（5）早熟品种成熟期（6 月中旬至 7 月上旬）

①重点防治褐腐病、穿孔病、疮痂病、梨小食心虫、红蜘蛛、桃蛀螟、潜叶蛾、蚜虫、介壳虫。

②喷布 80％代森锰锌 800 倍液加 25％灭幼脲 3 号 1 500 倍液加硼钙宝 1 200 倍液。或 70％甲基硫菌灵 800 倍液加 1.8％阿维菌素 4 000 倍液。

③这一时期是梨小食心虫第二代成虫期，孵化的幼虫开始危害果实，是喷药防治的重点时期。

（6）中熟品种成熟期（7 月中旬至 8 月上旬）

①重点防治褐腐病、穿孔病、炭疽病、梨小食心虫、棉铃虫、桃蛀螟、红蜘蛛等。

②喷布 80％代森锰锌 800 倍液加 5％氟铃脲 2 000 倍液。或 1.8％阿维菌素 4 000 倍液加 25％戊唑醇 2 000 倍液。

③这一时期是梨小食心虫第三代成虫期，是苹小卷叶蛾第一代成虫期，喷药防治是关键。

（7）晚熟品种成熟期（8 月中旬至 10 月上旬）

①重点防治褐腐病、炭疽病、潜叶蛾、梨小食心虫、桃蛀螟、叶蝉、蚱蝉等。

②喷布 40％氟硅唑 5 000 倍液加 48％毒死蜱 1 500 倍液。或 70％甲基硫菌灵 800 倍液加 20％氰戊菊酯 2 000 倍液。

（8）果实采收后（10 月中旬至 12 月）

①重点防治穿孔病、流胶病等。

②喷布 40％氟硅唑 5 000 倍液或 70％甲基硫菌灵 800 倍液加 0.5％尿素。

③树干绑草把诱集捕杀下树越冬的害虫，翌年早春集中烧毁。

④树干涂白，防止大青叶蝉产卵并兼治病害、冻害。

（六）设施桃生产管理技术

设施栽培作为果树栽培的一种特殊形式，已有 100 多年的历史。20 世纪 70 年代以后，随着果树栽培集约化的发展，工业化为种植业提供了日益强大的资金、材料和技术上的支持，加上果品淡季供应的高额利润，促进了果树设施栽培的迅猛发展。果树设施栽培的技术已成为果树栽培学的一个重要分支，并已形成促成、延后、避雨等栽培技术体系及其相应模式，成为 21 世纪果树生产最具活力的有机组成部分和发展高效农业新的增长点。

1. 品种选择和建园

果树设施栽培，特别是提早上市的，选择品种要注意以下几点：要选择果实发育期短的品种，如桃发育期以 50～70 天为宜，最多不超过 80 天；冬暖式设施栽培要选择需冷量少的品种，要求需冷量最好在 300～600 小时，一定要在 850 小时以下；果大、形美、色艳、果实品质好的品种；花粉量大、自花结实能力强、坐果率高的品种；树体矮小、树冠紧凑、成花易、早果性强、丰产的品种；对大棚环境适应性强的品种。

生产上常用的桃品种以甜油桃品种为主，有春艳、早凤王、青研 1 号、早醒艳、早露蟠、早红珠、曙光、中油 5 号、丽春、超红珠、超红短枝、五月火等。

设施栽培园地应选择背风向阳、光照良好、土壤肥沃、pH 微酸-微碱性、排水便利、土层较厚的沙壤地，水位 1 米以上，棚内地面高于或与棚外地面平（防积水）；交通便利，无污染。设施栽培大都采用密植建园，以增加早期产量。

前期产量取决于栽植密度，一般管理情况下，密度越大，前期产量越高。桃的一般株行距为 2 米×1 米，更密的为 1.5 米×0.8 米。

栽植时期有春栽，北方一般 3 月中下旬至 4 月上中旬，果树发芽前后；秋栽，但要注意防抽条、防盗；夏栽，根据上市期，随时可以栽植。

栽植时，挖定植沟：50 厘米×50 厘米，施基肥，每亩施入充分腐熟的鸡粪 5 000 千克或土杂肥 7 000 千克、全元复合肥 20 千克，并将土肥混匀置于定植沟中。准备品种纯正、发育健壮、无病虫害、整齐一致的苗木，栽植，浇水，定干，整树盘，覆地膜，防虫（套袋防金龟子等）。

2. 栽后管理

桃要求第二年有较高的产量，因此栽植当年要达到树体健壮、树冠适宜、结果枝充足、花芽量大、贮存营养充足的管理目标。

（1）扣棚前的管理　桃结果早，要想第二年丰产，栽后第一年的管理非常重要。栽后上半年的任务是前促，即促肥水、促发分枝、促长树冠，当年7月底前，枝量越大越好。苗木发芽后，一般发3～5个新梢，发出的新梢全部保留（1次梢），当1次梢长到30厘米左右时，及时摘心，促发新枝（2次梢），当2次新梢长到30厘米左右时，再次摘心，促发3次梢，以增加枝量，扩大树冠。到7月，有效枝量达70个/株为好。1次枝为骨架，利用2、3次枝成花结果。

栽植时不提倡使用化肥，以免烧根，栽植前施足有机肥。当新梢长到20厘米左右时追：尿素或复合肥，0.1千克/株，离树干20厘米以上，浅沟施，施后浇水。隔20～25天再施1次，0.15千克/株左右，施后浇水。7月下旬以后施肥以磷、钾为主。叶面施肥，前期：施0.3%尿素；中后期：施0.3%～0.5%磷酸二氢钾以及施康露等叶面肥。注意预防缺素症（如缺铁、缺锌、缺氮等）。

栽后下半年的任务是后控，即控制肥水、控制旺长、促进成花。从7月开始（过早树冠太小，产量低），控氮、控水、扭梢、摘心。连续摘心，可促成花芽形成，但工作量太大。药物控制：当年从7月下旬至8月初为宜。喷15%多效唑（PP_{333}）150～200倍液，喷布均匀，用药量大，最好一次控制住。也可土施：1～2克/株，但要提前。1周后的反应是新梢停长、顶端叶色由黄变绿、变大、叶片扭曲。也可用其他药物，如PBO促控剂、矮壮素、比久等。

二年生以上树的采后管理与促花同样重要，树体生长势旺，应早控。控制树冠，促生分枝：采后重修剪，萌发的新梢长至30厘米左右时及时摘心，以促发2次梢，摘心1次即可，中庸偏旺的可用 PBO，加强夏季修剪，保证通风透光。早控：6 月中旬开始，以 PP₃₃₃ 为主，中庸偏旺的，可用 PBO，加强夏季修剪，保证通风透光。花芽形成前期，注意控制肥水、控氮、适度干旱、扭梢、拉枝、摘心等。注意防治蚜虫、潜叶蛾、穿孔病、金龟子等病虫害。避免使用有机磷、有机氯等农药。

整形修剪：设施栽培对树形要求不严，主要讲究群体结构，有形不死，无形不乱。采用的树形有：开心形、丛状形、Y 形、纺锤形、一边倒。原则：低干、矮（小）冠、少主枝（无主枝）、随棚内空间灵活整形。前低后高（日光温室）或中间高两边低（塑料大棚）。

修剪应重夏剪、轻冬剪，以夏剪为主，控树促花。冬剪：扣棚前进行，幼树不短截。主要任务是以疏为主，调节枝量，保证通风透光。方法是一年生树，疏除过密枝、徒长枝、细弱枝，多保留健壮果枝；二年生以上，适当回缩，控制树冠。采收后修剪桃树要重回缩（冬暖式桃）或轻回缩（春），结果部位外移慢，不必重回缩。夏剪的重点时期是 5—7 月，化学控制前进行。当年树除摘心扩大分枝外，一般不疏枝，即前面所讲当年树的栽培管理。从第二年夏季开始，注意早抹除内膛、背上多余的新梢（5 厘米时），疏除内膛过密枝、徒长枝、有空间的地方可采取摘心的方法，促枝补空。通风透光，提高叶片的光合效率，促进成花。

（2）扣棚后的管理

①解除休眠和升温时间的确定。对冬暖式大棚来说，首先要解除桃树的休眠。桃树有一定的自然休眠期，即需冷量，不同品种需冷量不同，一般早熟品种 300～700 小时。

要正常开花发芽，首先需解除自然休眠，方法有：利用自然低温解除休眠。先不盖膜，在露天条件下，利用自然低温满足需冷量后，再扣棚升温。落叶后立即扣棚（10 月底至 11 月中旬），白天盖草帘，夜晚揭开放冷，利用外界低温使棚内温度降到 7.2℃ 以下并保持。一般处理 20 天以上，即可达到要求。盆栽或箱栽，脱叶后移入冷库，在 0～7.2℃ 条件下处理 20 天以上，因成本高，难操作。也可用石灰氮、赤霉素等解除休眠，但要慎用，只有在低温不足时使用才有效，应在休眠的中后期使用。

通过休眠后，即可升温。一般升温后，30～40 天到盛花期。升温时间一要根据所栽品种的需冷量大小而确定。需冷量小的如早醒艳（120 小时），可早升温，早醒艳 11 月下旬即可升温，其他品种的需冷量 300～500 小时，约 12 月中上旬可升温。需冷量大的品种应适当拖后升温时间。二要根据不同棚式的保温性确定。冬暖式大棚保温性能好，可早升温，一般在 12 月上中旬；春暖式大棚保温性能差，不能太早升温，以免倒春寒，发生冻害。三要根据上市早晚的需要错开升温期。不能一味的早，应根据市场需求避开旺季，合理安排升温期，以达到不同时期上市，延长供应期。

②升温后的温湿度调控。

花前温度调控：从升温到开花，一般 30～40 天。此期是性细胞（花粉和胚囊、大小孢子）发育期，温度不可过高也不可过低。扣棚升温后，应首先提高地温，使根系先生长、后发芽，达到上下平衡。扣棚施肥后盖地膜。为防止花前棚内气温升高过快，需采取三步升温法：升温第一周，白天揭开 1/4～1/3 的草帘，温度<16℃，夜间不低于 3℃；升温第二周，白天揭开 1/3～2/3 草帘，温度 18℃左右，夜间>5℃；从第三周开始，白天揭开全部草帘，温度 20℃左右，夜间>7℃。白天温度超过上述温度时，应及时通风降温，晴天一般上午 10 时可达 20℃以上，应及时通风，方法是扒缝通风或开通风窗。

花前湿度的调控：温室内的湿度一般指空气的相对湿度，从扣膜到开花前，相对湿度要求保持在 70%～80%。控制的方法有：

A. 地面覆盖地膜。控地温、控湿度。湿度大时全盖，湿度小时揭开增湿。

B. 通风排湿。与降温相同。湿度的测定可用干湿球温湿度计或凭经验。揭帘前或天亮前用手电筒照，有雾则表明相对湿度 80%以上，枝叶有水珠即达 100%。

C. 湿度低时，揭地膜、喷水或灌水。

花期温湿度调控：保护地花期与露地不同，花期长，一般 10 天以上。花期对温湿度敏感。授粉受精需要适宜的温湿度，温度过高，花期短，授粉受精机会减少，坐果率低；湿度过大，花粉散不开，病害严重，影响坐果；湿度过小，花粉易干燥、干枯。花期温度调控：白天 18～20℃，<22℃，夜间>8℃。温度高时通风降温，温度低时增温。花期湿度调控：花期相对湿度保持在 50% 左右，湿度过大可通过通风或地面覆膜来调节，阴雨天用鼓风机等，湿度过低可进行地面洒水、喷雾或浇水。

花后温湿度调控：此期温湿度不可过高，否则引起新梢旺长，导致竞争落果和郁闭。果实膨大期：温度白天 20～25℃，夜间 10℃以上。湿度 60% 左右。果实着色成熟期：温度白天 25℃左右，夜间 10～15℃。湿度 60%～70%。此期光照非常重要，冬暖式大棚，白天早揭帘，晚上晚盖帘，延长光照时间，即使阴天，只要外界气温不太低，白天也要注意揭帘透光。外界气温达 15℃以上时，夜间可不盖帘，成熟前撤膜，增糖增色。

③提高坐果率和疏果定产。提高坐果率的措施：一是人工辅助授粉：花期天气好时，从初花到盛花末期，每天采集已散粉的花（自花授粉的相同品种，异花授粉的不同品种），对需坐果的花，花对花点授，一朵花可点授十几朵花，或用鸡毛掸子滚授。花期遇阴雨天，花粉散不开时，用贮备的花粉，或在初花期采集多余的花，在 20℃条件下取出花粉，人工点授。二是加强通风，用扇子、鼓风机等加风。三是放蜂：壁蜂每棚 200～300 头，蜜蜂每棚 1 箱。四是花期喷硼：用浓度 0.3%～0.5% 的硼砂喷施，可促进花粉管萌发和伸长。五是花前、花期、花后连续喷 3 遍 150 倍 PBO（混配植物生长调节剂）。并采取措施如摘心、疏梢等，控制营养生长，减少竞争，防止落果。

坐果过多的应进行疏果，果过多，个小、品质差。应本着"轻疏花重疏果"的原则进行疏花疏果。疏花疏果分 2 次进行。花后 1 周粗疏 1 遍；幼果长到 1.5 厘米时再定果。疏果应在生理落果后能辨出大小果时进行，具体可根据桃树的树龄、树势、品种、果形大小等疏去畸形果、小果、发黄萎缩果等，保留适宜的果量。一般长果枝5～7果，中果枝3～5果，短果枝1～2果。

④水肥管理、病虫害防治及树体管理。

A. 水肥管理。扣棚前开深30厘米沟，施有机肥3～4立方米，加60千克复合肥，施后浇水。

B. 土壤管理。土壤管理主要是松土、除草，每次灌水后适时划锄，松土保墒。棚内枝梢密，盖地膜一般不中耕。

C. 树体管理。及时疏除背上、内膛过多新梢，及时去除过密新梢。坐果后，新梢长势旺时，可用摘心的办法控制，减少与果实的竞争。

D. 药物控制。过旺时用200倍PP_{333}控制或发芽前土施。不太旺时，可用150倍PBO调控。

⑤采收和包装。保护地栽培一般为提早成熟，应根据市场需求适当早采（客户要求、运输远近），但不能太早，采摘过早导致果实品质差、产量低（近成熟时果个增长快），但桃不耐贮运，采摘过迟易遭机械损伤，品质变差快。因此，一般本地销宜八九成熟采收、外销宜七八成熟采收。

大棚条件下，成熟期不一致，要分批采收，一般先上后下、先外后内、先大后小，留下的还能继续长。采收后进行分级、包装。按客户和市场要求分级。包装盒可采用特制的透明塑料盒或泡沫塑料制品，每盒以2.0～3.0千克为宜，精美化。

3. 采后管理

采后管理非常重要，关系到下一轮的开花、结果、产量、质量和效益。冬暖式大棚发芽早，采收早，一般4月底至5月上旬采收结束，进入采后管理期。采后管理需要做好以下工作：一是撤掉覆膜和保温材料。保温材料可连续使用多年。如草帘，撤下后晒干、卷好、码垛，盖膜防雨、防烂。其他保温材料也须洗净、晾干，妥善保存，尽量延长使用寿命，以降低成本，稻草帘能使用3～5年。塑料薄膜：一般的半无滴或有滴膜一年一换。如撤膜时完整，可洗净，晾干，待再次使用或做他用。用坏的及时回收，防止污染。二是搞好采后修剪。桃要重回缩。第二、三年，骨干枝回缩到离主干20～30厘米处，以后注意骨干枝的更新。注意回缩时，下部留部分生长较弱、角度较平或下垂的带叶枝，不能全部将枝叶剪掉，以防树体和根系因缺乏光合产物而生长不良（生长势弱、叶黄甚至死亡），生长季极重剪可导致树势衰弱，甚至死树。三是搞好水肥管理。以有机肥为主，可在每年的落叶扣棚前，一次开沟施用，也可全园撒施后，浅刨。每亩施用量3 000～4 000千克。采后修剪后施尿素或复合肥每亩60～80千克，施后浇水。新梢长到20～30厘米时，及时进行叶面追肥：可用尿素、0.3%～0.5%的磷酸二氢钾，并喷施铁、锌、锰、钙等，以矫正缺素症。发现缺素症，应每隔10天连喷3次有关元素肥料。生长后期，可再追每亩60～80千克的磷、钾肥，以促进成花，使枝条发育充实。四是树体管理。摘心：当新梢长到30厘米左右时，及时摘心1次，促发2次枝，以增加枝量。控长促花：早控制，从6月中开始，控制氮肥、控水；生长旺时，可用化学控制，可用15%PP$_{333}$150～200倍液，或PBO150倍液；夏季修剪，及时抹除背上、内膛过多的新梢，7—8月疏除徒长枝、过密梢，缺枝的地方可再摘心促枝补空。五是及时防治病虫害。六是注意防涝。特别是大棚内地表低于棚外的情况下，在雨季及时排水，以防涝灾。防涝重于防旱。

主要参考文献

姜全，2016. 中国现代农业产业可持续发展战略研究. 桃分册 [M]. 北京：中国农业出版社.

王长君，张安宁，2008. 桃优质高效安全生产技术 [M]. 济南：山东科学技术出版社.

张安宁，2014. 桃省工高效栽培技术 [M]. 北京：金盾出版社.

张安宁，王长君，李晓军，等，2015. 鲁西、鲁中及南部山区桃产业技术 [M]. 北京：中国农业出版社.

四、大樱桃

（一）苗木繁育技术

栽培樱桃一般都是嫁接苗。优良的砧木可提高植株的抗逆性，并能提早结果和丰产优质。嫁接繁殖苗木首先要选择与品种嫁接亲和力强并能满足栽培要求的优良砧木。繁殖砧木苗可采用播种、组培、压条和扦插等方法培育好砧木苗，再在其上嫁接品种进而培育成合格的樱桃苗。

1. 常见樱桃砧木

目前生产上应用较多的樱桃砧木有矮化砧木和乔化砧木。矮化砧木主要是吉塞拉5号、吉塞拉6号、Y1等吉塞拉系列，乔化砧木有考特、本溪山樱、大青叶、马扎德和马哈利等。

（1）吉塞拉5号　德国育成的甜樱桃矮化砧木，最早由山东省果树研究所引入，嫁接在吉塞拉5号上的甜樱桃品种树体仅为标准乔化砧木马扎德的30%左右。与甜樱桃嫁接亲和性好，土壤适应性强，耐黏土地栽培，根系发达。用吉塞拉5号作砧木的樱桃树结果极早，一般3年结果，5年即可丰产；耐李矮缩病毒和李属坏死环斑病毒；中等耐涝而不耐旱；抗寒性好；不耐贫瘠土壤。栽培密度为每亩80～130株，株距为2米，行距为3～4米。宜在肥沃土地或设施内栽培。

（2）吉塞拉6号　德国育成的甜樱桃矮化砧木，用其作砧木的樱桃树树体相当于马扎德的60%，比吉塞拉5号长势更旺。由山东省果树研究所引入中国。与甜樱桃嫁接亲和性好，土壤适应性强，耐黏土，根系发达。结果早，一般植后 3 年结果，5 年丰产。抗李矮缩病毒和李属坏死环斑病毒，中等耐涝，抗旱性优于吉塞拉 5 号，抗寒性好，不耐瘠薄土壤。栽培密度为每亩 60～100 株，株行距一般为 2 米×（2.5～4）米，适宜在土壤肥沃的土地和设施内栽培。

（3）Y1　山东省果树研究所刘庆忠研究员育成，Y1 系甜樱桃矮化砧木吉塞拉 6 号与甜樱桃品种红灯的杂交后代中选出的 4 倍体矮化砧木，其生长势强，幼树生长速度快，早实、丰产，抗病性强，土壤适应性广，与甜樱桃嫁接亲和性强，无小脚现象。Y1 有明显主干，为乔木，树冠高 3.0～3.5 米。枝条粗壮，多年生枝条颜色为红褐色，开张角度较大，皮孔稀、大、扁圆形，节间长约3.0 厘米。新梢颜色为黄褐色，被短茸毛，冬芽卵圆形，褐色，无毛。叶片与吉塞拉 6 号相比大而厚，长椭圆形，先端急尖，基部圆形，无光泽，叶脉粗。一个花序一般 2～4 朵花。花瓣较吉塞拉 6 号大，倒卵圆形，白色。抗旱、抗寒、耐瘠薄土壤。栽培密度为每亩 60～100 株，株行距一般为 2 米×（2.5～4）米，适宜在土壤肥沃的土地和设施内栽培。

（4）考特　为英国东茂林试验站育成。1985 年开始作为甜樱桃砧木在中国应用。与甜樱桃嫁接后树体为马扎德砧木的 70% 左右。与甜樱桃嫁接亲和力强，嫁接部位无"小脚"现象，幼龄树长势强，7 年后长势减弱，树冠紧凑，花芽分化早，丰产。不耐旱，春季易受晚霜危害，在山区应用较多，易患根癌病。每亩栽植 50～70 株，株行距为 3 米×（4～4.5）米。

（5）本溪山樱　又名东北黑山樱，也叫山樱桃，辽宁省农业科学院园艺研究所和本溪果农从辽东山区野生资源中选出。与甜樱桃嫁接亲和力强，抗寒力强，缺点是耐涝性差。可用种子繁殖，成苗率高。但不同种类的山樱桃抗病力差异较大，应注意区分。用该种砧木嫁接的樱桃树，每亩栽植 55～70 株，株行距为（2.5～3）米×4 米。

（6）大青叶　是山东省烟台市农业科学院从中国樱桃中选出的

一个甜樱桃乔化砧木，树体较马哈利小。与甜樱桃嫁接亲和性好，须根较发达，适应性较强。根系分布浅，遇大风易倒伏。抗旱性一般，不耐涝。适宜在沙壤土或砾壤土中生长，在黏重土壤上易患流胶病。用大青叶作砧木的树，每亩栽植 55～66 株，株行距为（2.5～3）米×4 米。

（7）马扎德　属甜樱桃野生种，树势强，树体高大，寿命长。与甜樱桃嫁接亲和力强，系深根性砧木，固地性强，耐高温、抗寒，嫁接甜樱桃产量高。缺点是进入盛果期晚，对细菌性溃疡病、根瘤病和褐腐病敏感。适宜露地栽培，该种砧木的嫁接树每亩栽植 55～66 株，株行距为 3 米×4 米。

（8）马哈利　与马扎德相似，与甜樱桃嫁接亲和力强。根系发达，抗寒抗旱，耐瘠薄，固地性好。种子易处理，发芽率高，多用实生苗播种繁殖。对细菌性溃疡病和根瘤病的敏感程度较马扎德轻，易感褐腐病。适宜露地栽培，嫁接树每亩栽植 55～66 株，株行距 3 米×4 米。

2. 苗木繁育技术

（1）圃地的选择　樱桃苗圃宜设立在需要苗木的中心地带，以缩短运输距离。樱桃为喜光树种，应选择光照良好、背风向阳的地方。最好选择利于排水的坡地，雨季不积涝，秋季苗木能及时停长，增加枝条的成熟度，有利于苗木安全越冬。地下水位宜在 1～1.5 米或 1 米以下，且一年中水位升降变化不大。樱桃苗忌用重茬地，种过樱桃、桃和杏等核果类果树的地块不宜繁殖樱桃苗，以免传染根癌病；一般菜地也不便利用，因其病菌多，易感染土传病。另外，灌溉用水也不要经过有根癌病的土壤，以免带来病菌而引起根癌病。要求育苗地的 pH5.6～7，以沙质土壤最适宜。该种土壤理化性质好，适于土壤微生物的活动，对幼苗生长有利，而且起苗省工，伤根少。

育苗地必须有充足的水源，种子萌芽和苗木生长都需要充足的水分供应。幼苗生长期间根系浅，耐旱力弱，对水分要求更为突出。此外，樱桃对水质的要求比其他树种严格，勿用污水灌溉。

（2）圃地的规划　以便于耕作和经济实用的原则进行规划，划分出母本园、采穗圃和繁殖园 3 大部分，并根据实际情况规划道路、排灌溉系统、苗木分级包装场、防护林和必需的房舍等。母本园主要用来保存优良的种质资源，防止种性退化及病毒感染，作为下一级母本园或采穗圃的繁殖材料来源。对于无病毒苗木繁育，母本园要采取比常规苗木繁育的母本园更为严格的管理措施。采穗圃为生产提供接穗材料，要保证无危险性病虫害和病毒病；首先对繁殖材料进行编号登记，绘制详细的定植图并建立档案，保证品种类型正确无误。繁殖园分为实生苗培育区、自根苗培育区和嫁接苗培育区。为了耕作和管理方便，最好结合地形采用长方形划区。繁殖区必须有计划地进行轮作，避免连作。

（3）砧木苗的培育　目前培育樱桃砧木苗主要采用种子繁殖、组织培养繁殖、压条繁殖和扦插繁殖法，具体应用时要根据砧木特性确定。

①种子繁殖。本溪山樱、马扎德和马哈利等乔化砧木适合采用种子繁殖。从生长健壮、无病虫害的母树上采集成熟的种子，放在水中搓去果肉，去掉漂浮的瘪种，将沉在水底的成熟种子捞出，在阴凉通风处沥干，立即进行层积处理。层积后的种子在翌年 3～4 月气温回升后，要及时取出，并进行室内催芽处理，室温保持在 20～25℃，多数种子胚根露白后，即可进行田间播种。砧木苗出齐后，要及时进行松土并去除过密过弱的苗，保持株距在 3～5 厘米。砧木苗生长期要加强水肥管理，在砧木苗出土至嫩茎木质化前应控制灌水，适当蹲苗。砧木苗长出 4～5 片真叶后开始灌水。每次灌水或降雨后要进行中耕保墒。当幼苗嫩茎木质化后，每月追施 1 次速效氮肥。砧木苗进入缓慢生长期后，要注意控制水肥，使其及时停止生长，增强越冬及抗寒能力。晚秋落叶后将砧木苗进行分株移栽。移栽的砧木苗要分级栽植，大苗按 20 厘米、小苗按 10 厘米高度定干，同时剪去部分主根，以便于移栽。移栽的圃地应提前深翻并施足基肥。移栽的株行距为 20 厘米×50 厘米，移栽覆土厚度为 5～10 厘米。覆土后要灌透水，防止越冬期间抽干。第二年春天土

壤解冻时，灌 1 次解冻水，此次水要灌透。砧木苗生长期间要松土保墒，适时追肥，及时摘心，及时防治蚜虫和食叶害虫，保证砧木苗健壮生长。8 月底至 9 月上中旬即可进行嫁接。

②组织培养繁殖。吉塞拉系列的砧木为 3 倍体，不能用种子繁殖，一般采用茎尖组织培养的方式进行繁殖。其原理是植物细胞的全能性，利用植物体的器官、组织或细胞，通过无菌操作接种于人工配制的培养基上，在一定的光照和温度条件下进行培养，使之生根生长、发育，并最终形成一个完整的植物体。该种繁殖方式不仅繁殖率高，而且能脱毒、培育无病毒苗木。

近年来，组培育苗在苗木生产中得到广泛应用。这种繁殖方式不仅繁殖率高，还能进行病毒脱除处理，培育无病毒苗木，同时减少了气候条件对幼苗繁殖的影响，缓和了淡、旺季供需矛盾。目前，生产中应用组培技术繁育最多的是吉塞拉系列苗木。详细流程如下：

培养基：以 MS 培养基为基本培养基，添加一定浓度的 6-BA 和 IBA 进行茎尖的诱导、继代以及生根。

无菌外植体的获得：采集一年生休眠枝上的腋芽为外植体，用洗衣粉洗净表面，再用自来水冲洗 30 分钟。在超净工作台上，去掉外层鳞叶，露出芽体。用 75% 乙醇溶液浸泡 3～5 分钟进行表面灭菌处理，然后放入 0.1% 升汞溶液中充分浸泡杀菌 6～10 分钟，再用无菌水冲洗 3～5 次。上述升汞杀菌步骤可再重复一遍。最后截取 1 厘米左右的茎尖，放入芽诱导培养基上。约 1 周以后开始萌发，基部开始产生少量愈伤组织。30 天后选取生长健壮的 1～2 厘米的茎尖进行继代培养。

继代培养：将上述得到的茎尖转入继代增殖培养基中，30 天左右时可形成多个丛生芽。一般 20～30 天可继代培养 1 次，增殖率为 5～7 倍，能够进行快速繁殖。如果后续需要生根，可以选取生长健壮、高度 1～2 厘米的丛生芽，进行生根培养。

生根培养：将上述得到的丛生芽转入生根培养基中，黑暗处理 10～14 天后转入光照培养，20 天开始生根，40 天即可炼苗。

炼苗：炼苗时机的选择非常重要，直接影响到炼苗成活率及后期生长速度。根据根系生长情况，待根长至1.5~2厘米、颜色白嫩、光亮时出苗最适宜，此时出苗成活率最高，过早出苗根系太弱小，过晚出苗根系颜色变深、老化，降低苗成活率。将生根的瓶苗移至炼苗室，逐渐加大光照度，摆放1周左右，瓶中组培苗长至3~5厘米、叶片颜色变成深绿、叶片变厚、小苗茎秆颜色变为红褐色时，打开瓶口，锻炼2~4天。

驯化及移栽：将经过炼苗的组培苗从培养瓶中倒出，用清水洗净根部培养基，再用稀释1 000倍的50%多菌灵杀菌。一定要冲洗干净培养基，否则会导致烂根。用泡发好的水草包裹根部，栽入穴盘中。将移栽后的组培苗放置于有弥雾设施的温室内，立即开启弥雾设施，喷至穴盘基质含水量到60%~70%。之后弥雾要少量多次，雾滴宜细，避免水大涝根。驯化期间，白天的最适温度为25~28℃，温度过高和过低都不利于幼苗生长。夜间温度以15~20℃为宜，当温度低于15℃时，会降低幼苗驯化成活率。移栽后1周内温室需要遮盖遮阳网，避免强光灼伤幼苗；进入稳定期后，可适当撤掉部分遮阳网。移栽后的第二天早上可开小口通风10~20分钟，随后每天通风时间逐渐延长，程度逐渐加大，1周以后根据组培苗生长状况，早上、傍晚加大通风量，直至完全打开温室通风口。选择傍晚、阴雨天进行移栽，同时特别注意保护根系，将整个根系带基质从穴盘内取出，尽量不松动根系，减少伤根。

③压条繁殖。大青叶和考特等樱桃砧木苗主要用压条法繁殖，把未脱离母株的枝条埋入土中，待枝条生根后切离母体，成为独立的植株。压条生根过程中所需的水分和养分都由母体供应，简便易行，成活率高，管理容易。但因受母株的限制，繁育系数较低，且生根时间较长。不过，随着组培繁殖法的普及和扦插育苗的成功，压条法已经很少采用了。

④扦插繁殖。近年来，山东省果树研究所通过不断探索，在吉塞拉系列砧木扦插繁殖方面取得了重大突破，建立吉塞拉系列砧木

的扦插育苗技术体系，嫩枝扦插生根率达到 95％以上，硬枝扦插生根率也超过了 90％。

（4）嫩枝扦插技术

①扦插设施。日光间歇弥雾育苗系统由育苗环境监测、大棚一级调控、大棚参数检验、小棚二级调控 4 部分组成，多数情况下可以去掉小棚。

②基质的选取。最常用的基质为细河沙，取材方便，含水量恒定，透气性高，但保水保肥性差。泥炭、水草等也可作为基质，这些材料保水性强，含有丰富的营养物质，但通透性差。也可以是复合基质，即由两种或几种基质按一定的比例配合而成。制成的基质要容重适宜，孔隙度适度增大，水分、空气含量提高。

③插条的准备。5—10 月均可，1 年可扦插 3～4 次。于阴天或早晚剪取健壮无病虫害的 15～20 厘米的半木质化新梢，留 2～3 个芽，保留上部 2～3 个叶片，下端剪成斜面。插条要随采随插。扦插前用 1 000 毫克/升吲哚丁酸（IBA）溶液处理插穗基部 10 秒，然后将插穗垂直插入基质中。

④插后管理。扦插前采用自动弥雾设施进行加湿，棚内气温、湿度分别控制在 28～35℃和 95％～100％。按 4 厘米×4 厘米株行距扦插，深 2 厘米，尽量使叶片舒展。扦插后随即喷水以补充叶片水分。插后 2 天内，喷水间隔时间要短，每 10～15 秒喷水 1 次，使叶片经常保持有小水珠。2 天后，根据天气及叶片水分情况调节喷水时间，喷水间隔时间以叶面水分蒸发干而叶片不失水为宜。一般早晨和下午间隔时间稍长，为 40～70 秒，上午 10 时至下午 3 时，间隔 20～40 秒喷水 1 次，每次喷水 40～60 秒。阴雨天少喷或不喷，夜间一般不喷。为控制病虫害的发生，每隔 5 天，傍晚停止喷水后，进行杀菌处理。扦插后大棚需要适当遮阴，15 天后逐渐加光，扦插 20 天后开始产生愈伤组织，25 天后即生根。当根系长到 2～5 厘米时进行炼苗，只在中午高温时段喷水，炼苗 7 天后可移栽，一般从扦插到移栽需 40 天。需注意的是，不同季节扦插需

要的具体温湿度不同。山东省果树研究所刘庆忠研究员等研究发现，9月上旬扦插，插穗生根率较高，但根系发育不完整，次生根、根毛着生较少，肉质气生根发生率较高，影响了成苗质量。10月上旬扦插，插穗生根率虽略有降低，但根系发育完整，苗木移栽成活率较高。

⑤移栽。当根系有6～8条、根长3～5厘米时，在阴天或傍晚进行移栽。移栽前先喷透水，以免起苗时损伤根系。挖10厘米深的栽植沟，株距10厘米、行距30厘米，每畦3行，覆土后扶正踩实，浇透水，上搭遮阳网，中午喷水3～5次，20天后撤遮阳网。新栽的幼苗抗病力弱，喷甲基硫菌灵或代森锰锌以防病害发生，同时可喷0.5％尿素加0.1％磷酸二氢钾或市售优质叶面肥，使苗木生长健壮。

（5）**硬枝扦插技术**　具体方法与嫩枝扦插类似，首先从母本园中采集一年生成熟枝条，剪成15～20厘米的枝段，上端剪平，下端剪成斜面，用0.5克/升的生长素处理30秒。然后直立插入装有湿沙的育苗盘中，扦插深度为3～5厘米。把育苗盘置于大棚内，采用自动弥雾设施进行加湿，控制湿度在60％～80％，扦插基质为河沙或苔藓，插穗经不同浓度的生长素处理30秒，插入育苗穴盘中。扦插期间每周进行1次杀菌剂处理，防治病害。棚内保持10～20℃，促使插穗基部形成愈伤组织，逐渐形成不定根。

（6）**嫁接**　目前在生产上应用的樱桃嫁接繁殖方法有芽接和枝接。

①芽接。樱桃常采用带木质部芽接法嫁接，在春、秋嫁接成活率较高。春季嫁接时期，是树液流动后至接穗萌芽前。在冬季或早春采好接穗，贮藏在1～5℃的环境中，用湿沙或者塑料薄膜保湿，可嫁接到4月中旬，当年可成苗。在9月嫁接时，接穗应随采随用。采集接穗后，应立即去掉叶片，保留叶柄，标明品种，用湿布包裹，将枝条下端浸入水中5厘米左右。如确需贮存，则要将接穗置于阴凉处，并保持湿度，可存放3～5天。以4月和9月嫁接成

活率最高，可达 90% 以上。嫁接前 2~3 天，对苗圃地浇 1 遍水，可提高嫁接成活率。嫁接后不要立即浇水，以防止流胶。接口 10 天左右即可愈合。春季嫁接后，待嫁接芽萌发、抽生新梢 20 厘米左右时，再解绑剪砧。秋季嫁接的苗，须待春季树液流动后剪砧解绑。嫁接成活后加强病虫害防治和土肥水管理，秋季即可成苗。

②枝接。樱桃常采用双舌接的方法进行枝接。双舌接多在春季萌芽期进行。其方法是，在春季萌芽前选用成熟度好、粗 0.5~1 厘米的一年生枝条（最好用春梢，秋梢成活率低），剪成带有 2~3 个芽的接穗，接穗上下两端蘸蜡保湿，于塑料薄膜中保湿，贮藏于 4℃ 的冰柜中。双舌接时，选用与砧木粗度相似的接穗，剪成 5~6 厘米长，在其下部芽的相反方向削成单削面，长 3 厘米左右，然后在削面的 1/3 处垂直切入一刀。砧木也进行同样处理。然后将两者裂缝相对，以接穗插入砧木中，使一侧形成层对齐，然后进行绑缚。嫁接速度虽较慢，但由于形成层接合面多且大，故成活率在春季枝接中最高。

(7) 出圃　培育好的樱桃苗一般在晚秋至封冻前出圃，起苗前 1 周，保持土壤湿润，用镐或锹在苗木根际附近深刨，以便保全苗木的根系出土，尽量减少根系受伤。如不慎伤及较粗的根，要将受伤的根段剪除。

苗木起出后，及时进行分级（表 4-1），避免长期暴晒。剔除带有根癌病、根腐病、干腐病、流胶病和有明显病毒病特征的病株销毁。按苗木等级标准分级，分后将不同等级的苗木每 30~50 株为一捆，捆两道绳，挂上品种和砧木型号标签，然后用抗根癌菌剂与水、黏土制作泥浆蘸根，用麻袋或蛇皮袋包住根部，包内要填充保湿材料，及时运至用苗地。暂时运不走时要开沟假植。

苗木装上运输车，根部要朝里用帆布覆盖严，做好防雨、防冻、防干与防盗工作。到达目的地后，要及时卸车，尽快定植或假植。

表 4-1 营养系甜樱桃砧木苗的质量标准

项目		级别	
		一级	二级
品种与砧木类型		纯正	
根	侧根数量	10 条以上	10 条以上
	侧根基部粗度	0.40 厘米以上	0.30 厘米以上
	侧根长度	20 厘米以上	
	侧根分布	均匀，舒展而不卷曲	
茎	砧段长度	10～20 厘米	
	高度	120 厘米以上	100 厘米以上
	粗度	1.0 厘米以上	0.8 厘米以上
	倾斜度	8°以下	
	根皮与茎皮	无干缩皱皮，无新损伤处，老损伤处总面积不超过 1 平方厘米	
芽	整形带内饱满芽数	8 个以上	6 个以上
嫁接部位愈合程度		愈合良好	
砧桩处理与愈合程度		砧桩剪除，剪口环状愈合或完全愈合	
苗木成熟度		木质化程度良好	
病虫害		无根癌病、干腐病及其他检疫病害	

注：根皮与茎皮损伤：包括自然、人为、机械、病虫损伤。伤口无愈合组织的为新损伤处，有环状愈合组织的为老损伤处。

（二）标准化建园技术

1. 园地选择

宜选择远离城市、海拔较高、排灌方便、土层深厚、肥力较高、地下水位较低的岭坡地建园。要求土壤耕性良好，疏松透气，保肥保水能力强，呈中性或微酸性。樱桃根系分布较浅，遇大风时树体易倒伏，并造成落果、伤果，因此，园地最好选择在背风、向阳或周围有防风物可以挡风的地带。要求果园空气、水源、土壤无污染，周围无金属、重金属矿和化工等污染企业。

2. 砧木与品种选择

土壤肥沃的低丘陵地和平原地，应选择矮化、抗根癌病和病毒病、抗逆性和适应性强的吉塞拉 5 号作砧木；土壤贫瘠的山岭地应选择半矮化、丰产性强的吉塞拉 6 号等作砧木。根据山东省气候特点，鲁中南、鲁西地区物候期较早，要选择早果丰产、果个大、硬度高、市场畅销的齐早、布鲁克斯、美早、萨米脱等早熟和早中熟品种，并适当发展一定面积的果个大、品质好、硬度高、抗裂果、丰产性强的萨米脱、红南阳、拉宾斯等中晚熟品种；鲁北及胶东可适当多发展一些早中熟、晚熟品种，如萨米脱、美早、拉宾斯等。

3. 建园

（1）苗木标准　建园应选用茎干挺直健壮，高 100～120 厘米、直径 0.8 厘米以上，芽体饱满、接口愈合良好，根系发达完善，根幅 30 厘米以上，无病虫害、无损伤、无失水的二年生嫁接苗。

（2）定植密度　密植园株行距（2～3）米×4 米，每亩栽植 83～56 株；稀植园株行距（3～4）米×5 米，每亩栽植 44～33 株。

（3）授粉树配置　欧洲甜樱桃除了几个品种是自花授粉，其他都需搭配授粉品种。樱桃园一般要栽培 3 个主栽品种，大面积樱桃园要 5 个以上。要求授粉品种与主栽品种花粉亲和力强，最好能互相授粉；授粉品种花粉量大；与主栽品种花期基本一致；果实品质良好，经济价值高。一般选用红蜜、桑提娜、拉宾斯、斯坦勒等品种。早熟品种以红蜜为最好。配置比例以（3～5）∶1 为宜。以隔 2 行栽 1 行授粉树或隔 2 行、第三行隔株栽植授粉树的方式配置。

（4）定植时间和方法　定植可在立冬至小雪期间或春季发芽前进行。栽植前按苗木大小和根系优劣进行分级，剪平断根，用根癌宁 3 倍液或 50% 多菌灵 600 倍液蘸根后栽植。栽植前挖深 80 厘米、宽 150 厘米的栽植沟，每亩在沟底填入 1 000～1 500 千克杂草，并在其上混施 2 000～3 000 千克土杂肥，回填后浇水沉实，将栽植行整成平台式高垄备栽。栽植时按株距挖 30 厘米见方的树穴，把苗木放入穴内，使根系舒展，随填土随踏实。埋土深度以保持苗木原来的土印为宜。栽后立即灌水，水渗干后及时培土保墒，并整平地面。然后立即定干，定干高度 70～80 厘米，剪口涂凡士林油保护，苗干上喷 70％甲基硫菌灵 1 000 倍液灭菌。秋栽时应套塑料膜套保护苗木，并于大雪封冻前培 30 厘米高的土堆防冻。春栽者推行秸秆生物反应堆管理技术或覆盖地膜。

4. 土肥水管理

（1）土壤管理　在建园前深翻改土的基础上，幼龄园每年秋季结合施基肥深翻扩穴，深度 50～60 厘米；盛果期后不再深翻，可进行初冬浅刨，以减少根系损伤。地面实行台田式管理，即在行间挖深 50 厘米、宽 100 厘米的沟，将挖出的土培于树畦内，抬高栽植行高度，以利于灌、排水和行间作业。

栽植畦内每年实施秸秆反应堆技术。方法是：于 3 月下旬将树畦内厚 8～10 厘米的表土取出，以露出少量须根为度。然后在畦内打孔，孔距 20 厘米，孔径 2～3 厘米，深 5～6 厘米，把疫苗中间料（即疫苗和麦麸按 1：30 的比例混合均匀，加水调制以手握成团、不滴水为度，摊放于室内或阴暗处，厚度 8 厘米，放置 5 天后使用）撒入孔内，最后在树盘表面再均匀撒 1 层，然后在畦内每亩铺放作物秸秆 1 500 千克，铺匀后在秸秆上面均匀撒菌种中间料（混合方法同疫苗中间料），拍打压实后，覆土 5～6 厘米，3 天后浇水。待表土干后打孔，孔距 20 厘米见方，孔径 2～3 厘米，孔深至秸秆底层，以利于氧气进入和二氧化碳气体排出。以后间隔 10 天左右检查 1 次，保证气孔通气良好。每亩施用疫苗、菌种各 2 千克。该技术的作用是：防病疫苗可直接杀死根结线虫，并通过断根接种，使植株产生防病抗体，提高抗病能力；施于地面的作物秸秆，在生物菌种的作用下，可加快腐烂分解速度，并定向产生较多的二氧化碳，供叶片吸收利用；其分解后的秸秆渣，含有有机质和磷、钾等矿质元素，可供根系直接吸收利用，并加速土壤培肥改良进程。

（2）施肥　施肥的原则是：以有机肥为主、化肥为辅，实行配方施肥，提高土壤肥力和土壤微生物活性。所施用的肥料对果园环境和果实应无不良影响。

基肥于 9 月中下旬至 10 月上旬施入，施肥量：幼龄园一般每亩施优质土杂肥 2 000～3 000 千克或生物有机肥 300～500 千克，加稀土果树肥 100 千克、过磷酸钙 50 千克，穴施或放射沟施。成龄园亩施优质土杂肥 4 000～5 000 千克或生物有机肥 800～1 000 千克，加稀土果树肥 150 千克、过磷酸钙 100 千克，沟施或全园撒施。同时每年施入硼、锌、铁等微肥 2～5 千克。

追肥可于发芽前、谢花后、果实膨大期和采果后 4 个时期进行。发芽前以氮肥为主，谢花后氮、磷、钾、钙配合使用；果实膨大期以钾肥为主；采果后根据树势，以氮肥为主，适当配合磷、钾肥。追肥种类以稀土果树肥、硫酸钾复合肥和生物有机肥为主，也可随浇水冲施磷酸二氢钾等肥料。

根外追肥，在阴天和晴天的早晚进行。萌芽前喷 1 次尿素 50 倍液加硫酸锌 50 倍液；谢花后喷 1 次锌钾钙宝 1 000 倍液；果实膨大期喷永富液肥 600 倍液加磷酸二氢钾 300 倍液。采果后间隔 15 天左右喷 2～3 次永福液肥 500 倍液，后期喷磷酸二氢钾 300 倍液，并根据树势强弱加 PBO 200 倍液，提高花芽质量和保叶率。

（3）水分管理　灌水以微喷和滴灌为宜。土壤含水量一般要求稳定在田间最大持水量的 60%～80%。一般发芽前灌 1 次小水；生理落果后和果实膨大期如土壤水分适宜，可不灌水；要特别注意保证硬核期的水分供应，以免造成大量落果。每次施肥后要及时灌水。雨季要及时排水。大雪封冻前要灌足越冬水。

5. 整形修剪

（1）主要树形　甜樱桃宜采用小冠疏层形、自由纺锤形。

小冠疏层形适于中密度园和稀植园。树体结构为：干高 40～60 厘米，树高 3 米左右，冠径 4 米左右。全树 5～6 个主枝，分 3 层排列，第一层 3 个，第二层 2 个，第三层 1 个。第一层每个主枝配备 2～3 个侧枝；第二层每个主枝配备 1～2 个侧枝；第三层不留侧枝，只培养各类结果枝组。1～2 层层间距 60～70 厘米，2～3 层层间距 50 厘米左右。主枝开张角度 60°，侧枝开张角度 70°～80°。

自由纺锤形适于密植园。树体结构为：干高 40～50 厘米，树高 3 米左右。中干直立，其上均匀着生 10 个以上主枝，不分层，插空排列，间距 20 厘米左右，开张角度 70°～80°，下部主枝较大，向上依次减小。主枝上不配备侧枝，直接着生各类枝组。树冠呈纺锤形。

（2）幼树期整形修剪　小冠疏层形整形修剪方法：定干 70～80 厘米，保留剪口芽，抠除第二至四芽，以加大下部分枝角度。然后定向刻芽 3～4 个，并在刻芽基部涂抽枝宝促生长枝。生长期，若中干生长过旺，可于晚夏对其重摘心。秋季（8 月下旬至 10 月上旬）拉枝，拉枝角度 60°左右。第二年春季对中干留 70～80 厘米短截，抠除第二至五芽。选留 3 个方位好、生长健壮的新梢作 1 层主枝进行培养，剪留 60～80 厘米，抠除 2～4 芽，同时在适当部位刻芽，培养侧枝。新梢长 20 厘米时，除骨干枝延长头外，其余新梢保留 10～15 厘米摘心，培养结果枝组。秋季继续拉枝。第三年整形修剪的任务是：继续培养健壮、牢固的树体骨架；在促进骨干枝生长、加速整形的同时，缓和局部生长势，促进花芽分化，培养结果枝组。春季修剪时，对中干和 1 层主、侧枝留 60～70 厘米短截，并抠除第二至四芽，同时选留 2 层主枝，培养方法同 1 层主枝。结果枝组上的枝条酌情留 10～20 厘米短截。新梢长 20 厘米时，除骨干枝外，其余新梢保留 10～15 厘米摘心。秋季继续拉枝。第四年在整形的同时，把重点放在缓和树势、培养枝组和促进花芽形成上。春季修剪时，选留第三层主枝和第二层侧枝，中干延长头缓放不剪或落头开心。并根据空间大小短截主、侧枝延长头。中、长结果枝保留 1 个叶芽短截，空间大的可留 2～3 个叶芽短截，培养中、大型结果枝组。新梢长 20 厘米时摘心。主、侧枝和结果枝组的带头枝、过旺枝也可酌情摘心控制，以抑前促后。

自由纺锤形整形方法：定植后留 70～80 厘米定干，抠除第二至四芽，并定向刻芽 3～4 个。秋季将枝条拉至 80°左右。第二年，对中干和主枝剪截抠芽后，在中干上间隔 20 厘米左右，留 1 个主枝。新梢长 20 厘米时，除骨干枝外，其余新梢留 10～15 厘米摘心。秋季继续拉枝。第三年春，骨干枝修剪同第二年。强壮主枝可缓放不剪。根据着生位置，培养大、中、小相间的各类枝组。枝组带头枝根据空间大小适当长留，枝组上的中、长果枝可留 1 个芽短截。待新梢长至 20 厘米时摘心。生长期，对生长过旺的中干和主枝，及时摘心控制，以维持骨干枝适宜的粗度和长度。第四年以后，在继续培养健壮骨架的同时，注意培养紧凑、牢固、健壮的各类结果枝组，并及时更新复壮。树高达到 3 米左右时，中干延长枝缓放不剪或落头开心。过旺的主枝及时摘心或环剥控制生长，衰弱主枝要及时复壮，均衡上下、内外生长势力，以维持健壮树势，达到早期丰产的目的。

（3）盛果期修剪　盛果期树的修剪任务是：维持健壮树势；调整树体结构；逐年清理过多临时辅养枝，改善通风透光条件；及时更新复壮结果枝组，维持盛果期年限。从第五年开始，对密挤辅养枝逐年清理，未落头的适时落头开心，以改善通风透光条件。同时对骨干延长枝进行剪截更新，对结果枝组及时进行更新复壮。对生长过旺的骨干枝，适当疏除其上过多营养枝，开张角度；对生长较弱的骨干枝，减小负载量，并适当回缩更新。对各类结果枝组延长头和结果枝及时进行短截更新，枝组过长的及时回缩复壮，并及时疏除衰弱无效枝，以节约养分。根据空间大小，使大、中、小结果枝组合理分布。把主枝上的结果枝组逐渐调整为内大外小、下大中小。小冠疏层形主枝上以背上斜生中小枝组为主，两侧和背下中型枝组为辅；侧枝上以培养两侧中大型枝组为主，背上斜生中小型、背下中大型枝组为辅，背上不留枝组。自由纺锤形主枝上的结果枝组以两侧中小型为主，背上斜生小型、背下中型为辅，背上不留枝组，以保持适宜的叶幕间距和叶幕厚度，并使树冠内外、上下生长势均衡。

6. 花果管理

（1）花芽分化　樱桃花芽分化具有分化时间早、分化时期集中、分化速度快的特点。樱桃花芽分化从青果期开始，即落花后 25 天左右，至果实成熟期基本决定了花芽分化的数量，采收后 45

天基本完成。但雌蕊、雄蕊的发育一直持续到第二年，第二年春天花芽萌动后雄蕊中小孢子母细胞短期内发育成花粉，雌蕊中大孢子母细胞发育成胚囊。花芽分化时期的早晚与营养状态、树龄、品种等有关，成年树比生长幼树早，早熟品种比晚熟品种早，花束状结果枝和短果枝比长果枝和混合枝早。因此，采收后的水肥管理对新梢生长和花芽分化起着重要的作用。花芽分化还受到外界环境如温度、光照等的影响，如欧洲甜樱桃花芽分化期遇高温，容易产生双生果甚至三生果等畸形果。

（2）开花坐果　当日平均气温达到 10℃ 时，花芽开始萌动，日平均气温达到 15℃ 时，开始开花。花期一般 7～14 天。中国樱桃比甜樱桃早 25～30 天，樱桃花期处于早春，容易遭受霜冻的危害。因此生产上要注意天气变化，及时防范。

不同樱桃品种之间自花结实能力差距很大，中国樱桃多为自花结实，欧洲甜樱桃和欧洲酸樱桃都是自交不亲和的，只有亲和品种的花粉才能成功受精，少有自花授粉的品种。因此，在建立樱桃园时要特别注意搭配有亲和力的授粉品种，并进行花期放蜂或人工授粉。

（3）果实发育　樱桃的果实由外果皮、中果皮、内果皮（核）、种皮和胚组成。供人类食用的部分是中果皮。樱桃果实生长发育期短，中国樱桃果实发育期 40 天左右；欧洲甜樱桃早熟品种 35 天左右，中熟品种 50 天左右，晚熟品种 60 天左右。

樱桃果实从生长速度上可人为分为 3 个时期。第一次速长期，花后 1～2 周至硬核前，除种子外，子房的各部分都迅速生长，果实增重快。硬核期，胚开始发育，核壳逐渐硬化，果实进入生长缓慢期。一般 10～20 天，此期长短与果实成熟期早晚一致。第二次速长期（果实膨大期），自硬核后至果实成熟，一般 20 天左右。此期果实生长量大于第一次速长期。这段时间果实内可溶性固形物含量增加，果实开始着色，并表现出品种的特色。

（4）花期管理　在加强上年管理、提高花芽质量和保叶率的基础上，采取人工辅助授粉和果园放蜂等措施提高坐果率。人工辅助授粉的方法是：于铃铛花期采花并制成混合花粉，用人工点授的方式，随开花随授粉。也可用自制的授粉器（把兔皮钉在木板或木棍上，剪短兔毛即可）于花期在不同品种花朵上轻轻摩擦滚动进行授粉。时间以上午 10 时至下午 4 时为宜。花期放蜂可于花前按每亩200 头的标准释放角额壁蜂，或于花期按每 3 亩 1 箱的标准释放中华蜜蜂。不放蜂的果园，初花期喷硼砂 300 倍液加 PBO 250 倍液，可有效地提高坐果率。

（5）果实管理　开花前疏除弱花序和过多花蕾，节约养分。生理落果后疏果，根据树势强弱，每个花束状果枝留果 3～4 个，疏除小果、畸形果和过密果。于果实膨大期全园地面铺塑料薄膜，避免因降雨使土壤水分剧增而增加裂果。

7. 病虫害防治

根据山东地区甜樱桃主要病虫害的发生危害特点，全年喷药 6～7 次。萌芽前喷 3～5 波美度石硫合剂，铲除越冬病虫害。5 月上旬喷 3% 敌虿螨 2 000 倍液加 70% 甲基硫菌灵 1 000 倍液，防治红蜘蛛和各种病害。6 月中旬喷 80% 喷克 800 倍液或 70% 代森锰锌 700倍液加 4.5% 高效氯氰菊酯 3 000 倍液，防治叶片穿孔病和各种虫害。间隔 1 周喷 1∶1∶200 倍波尔多液保叶。7 月上中旬喷 25% 灭幼脲 3 号 1 500 倍液，防治潜叶蛾等虫害。发生流胶病时可刮除胶体，涂树康或紫碘防治。如发生根癌病，可先将病瘤刮除干净，然后涂根癌宁 30 倍液防治。落叶后及时清理果园，清除枯枝、落叶、病果、杂草等，集中埋入地下，减少病虫越冬基数，并进行主干涂白（生石灰 12 份、石硫合剂或硫磺粉 2 份、食盐 1 份、水 40 份）。

8. 果实采收贮藏

根据不同品种和成熟早晚分期采收。及时采收达到商品成熟标准的合格果实，并按市场要求及品种、规格等的不同进行分级和包装。不能及时进入市场的果实经预冷后及时入库保鲜贮藏。

9. 防灾减灾技术

（1）防晚霜技术　樱桃是落叶果树中最早开花的，早春的晚霜冻害是影响樱桃安全生产的主要气象灾害之一。山东、辽宁、北京、山西、陕西和甘肃等地经常发生，江苏北部、河南等地也时有发生。晚霜冻害是引起樱桃大幅度减产的主要原因之一。

为了更好地防范早春晚霜的冻害，首先，在樱桃建园时就要选择背风向阳、地势高的地区，避开山谷、盆地和低洼地。其次，建园时选择抗冻品种或晚花品种。吉塞拉砧甜樱桃比乔化砧甜樱桃更抗寒。选择晚花品种也可以避免晚霜冻害，如哥伦比亚、拉宾斯、萨米脱等，也可通过树干涂白、早春浇水等措施延迟萌芽期和花期。另外，维持健壮树势是预防晚霜冻害的基础。树势弱、花量大的树，受害重；树势健壮、花量适中的树受害轻。因此通过施肥浇水、科学修剪、综合防治病虫害等措施，增强树势和树体的营养水平，提高抗寒力。利用熏烟法、喷水法等改善果园小气候也可减轻冻害。

（2）防裂果技术　甜樱桃裂果是樱桃生产中普遍存在的问题，是制约樱桃品质提升的主要因素，不同品种、树龄的樱桃裂果程度不同。裂果既受品种、果实生长发育特性、细胞组织结构、砧木类型等内在因素的影响，也受果园立地条件、天气状况、栽培管理水平、水分状况、树体矿质营养等外界环境的影响。

首先，建园时选择抗裂果品种。齐早、萨米托、拉宾斯、先锋、红南阳等抗裂果能力较强，布鲁克斯、美早、艳阳、明珠等裂果率高。其次，建园时选择地势较高、通透性较好的壤土或沙壤土起垄建园。加强水分管理，保持花后土壤水分稳定，持水量保持在60％～80％，防止土壤忽干忽湿。干旱时，应小水勤浇，严禁大水漫灌。有条件的可选用喷灌、滴灌等，微喷效果最好。雨后要及时排水，使土壤水分处于充足而稳定的状态。此外，搭建避雨设施是最有效措施。可根据立地条件、建棚成本等因素，选择不同的棚型模式。

（3）鸟害防控技术　樱桃成熟早，果实小，色泽艳丽，风味甘甜，很多鸟类喜爱啄食。鸟类危害时间虽短，但因其移动性大、适应性强，防治难度大。在不伤害鸟类的前提下，提前防止或减轻鸟类在樱桃园的活动是防御鸟害最根本的措施。设置防鸟网是防治鸟害最有效的方法。另外，可人工驱鸟或利用鞭炮、语音驱鸟器等制造惊吓声音驱赶鸟类，或用闪光和运动的物体、天敌模型等视觉上惊吓鸟类。总之，要充分了解鸟类的行为，在鸟类建立领域之前，综合应用各种方法，防止或减轻鸟类在樱桃园的活动。鸟类适应性强，对单一运动或声音模式反应迅速，且不同年份、不同区域，鸟类的危害模式也不一样，不同鸟类对不同驱赶措施的反应也不同，应根据实际情况，采用多样的防治措施，使其无规律可循。

（三）高效肥水管理技术

1. 土壤

甜樱桃根系浅，根系呼吸强，大部分根系分布在土壤的表层，具有不耐旱、不耐涝、不耐瘠薄、不耐盐碱的特点，适于在土层深厚、通气性好、养分丰富、pH 为 5.6～7.0 的土壤中生长。土壤管理的主要任务是为甜樱桃的根系生长创造一个良好的土壤环境，扩大根系的集中分布层，增加根系数量，提高根系的活力，为地上部分生长结果提供足够的养分和水分。因此，在满足有机生产要求的前提下，应根据甜樱桃园的地形、土壤状况、栽培密度及树龄等因素，因地制宜，根据具体生产状况进行土壤管理。

（1）甜樱桃对土壤的要求及土壤改良　甜樱桃根系浅，根系呼吸强，大部分根系分布在土壤的表层，因此甜樱桃不耐旱、不耐涝、不耐瘠薄、不抗风。另外甜樱桃还有不耐盐碱的特点，对土壤盐渍化反应敏感，最适宜在土层深厚、土质疏松、透气性好、养分丰富的沙壤土或砾质壤土中生长，土壤的 pH 需要在 5.6～7.0 范围内。在土壤环境不能完全满足这些条件时，需要进行土壤改良，以满足甜樱桃树体生长发育的需求，保证产量和质量。

（2）甜樱桃园地土壤改良

①盐碱地。甜樱桃对土壤的酸碱度有一定的要求，pH 超过7.8 时，会对甜樱桃的生长产生较大影响，需进行土壤改良。常用方法：建立良好的排水体系，深挖排水沟，降低地下水位，并适时

引入淡水合理灌溉；合理利用深耕、加填客土、盖草、翻淤、盖沙等手段改善土壤成分和结构；增施有机肥，并配合中耕、地表覆盖等措施减少地面蒸发，防止盐碱上升；种植苜蓿、燕麦、田菁等绿肥作物，能够覆盖地表，改善园地小气候。

②山岭瘠薄地。山岭瘠薄土壤一般比较干旱，水土流失严重，保水保肥能力差，因肥水不足严重影响树体正常生长。其土壤改良首先应修筑梯田，保水保土，同时深翻改土、加厚土层、增施有机肥，以提高土壤的肥力和保水保肥能力，并促进根系向下生长，提高抗旱性和养分吸收能力。

③沙滩地。沙滩薄地透气性好，养分分解速度快，作物根系发达。但由于土壤含沙量大，漏肥漏水，养分含量少，肥水供应不稳定。肥水大量供应时，根系吸水吸肥快，短期内容易引起旺长；肥水供应不及时，又容易发生营养不良，影响生长。改良措施有：营造防护林，防风固沙；种植绿肥作物，加强覆盖，减少地表水分蒸发，增强保水能力；通过翻淤压沙或掺黏土提高土壤黏度，并增施有机肥，提高土壤保水保肥能力。

④黏土地。黏土地的土壤保水保肥能力强，但土壤结构不良，通气透水性能差，对根系生长不利。在土质黏重的土壤中栽培甜樱桃时，根系难以向下生长，树体根系分布变浅，对干旱和积涝的耐受能力降低，也不能抵御强风。改良措施有：向黏土中掺沙，降低黏度；增施有机肥，改良土壤结构；种植绿肥作物，促进土壤团粒结构形成，改善土壤状况；建立良好的排水系统，及时排除土壤中的多余水分；深翻熟化。

（3）土壤耕作方法　是指对土壤表层的耕作管理方式。其目的是改善土壤结构，提高土壤肥力，防止水土流失，维持良好的水肥供给状态，为根系提供良好的生长环境。甜樱桃根系浅，大部分根系分布在土壤的表层，土壤管理制度对产量和品质的形成尤为重要。甜樱桃园地土壤管理制度主要有以下几种：

①清耕。清耕是我国传统的果园土壤管理制度，在目前甜樱桃生产中的应用也最为广泛。清耕是指经常对果园土壤进行中耕锄

草，除果树外不种植其他作物，常年保持果园土壤疏松并且无杂草的一种果园土壤管理方式。春季萌芽前进行浅翻耕有利于提高地温，减少土壤水分蒸发，促进根系生长。樱桃树根系较浅，根系呼吸旺盛，需要土壤有较好的透气性，对土壤水分状况非常敏感。因此，雨后和浇水后需要及时进行中耕松土，中耕深度一般在5～10厘米，中耕次数要依降水量、降水次数、灌溉状况及杂草生长情况确定，雨水多、杂草生长旺盛时适当增加中耕除草次数，防止土壤板结，保持土壤疏松透气、园内清洁无杂草。

清耕能够保持土壤疏松，改善土壤透气性，使土壤通气良好；促进微生物活动并加速有机物质矿化，提高矿质营养的可利用率，增加土壤的养分供给；中耕具有切断土壤表层毛细管的作用，经常中耕能够防止果园土壤水分蒸发，增强土壤保水能力；经常进行中耕除草，能有效控制和去除果园杂草，减少杂草对养分、水分的竞争；另外，清耕对控制土壤害虫也有一定作用。

在果园使用清耕法短期效果好，但长期使用反而存在很多弊端。首先，清耕使地表裸露，加速了土壤养分的流失，在坡地、风沙地区还容易引起水土流失，使果园土壤退化；第二，清耕加速有机物质分解，在有机肥投入不足的情况下，长期使用会降低土壤有机质含量，降低土壤肥力，对地力消耗严重，也不利于良好土壤结构的保持；第三，由于没有覆盖物，清耕果园地表直接与大气接触，水分、温度易受外界影响而出现不稳定，不利于根系的生长发育和生理功能的发挥；第四，清耕劳动强度高，劳动力投入大，费时费工，在我国农村青壮劳动力外流的现状下，这一弊端尤为明显。

②生草。生草是指在果树行间或全园种植草本植物的土壤管理方式。相对于传统的清耕，生草在许多方面都具有明显优势。生草覆盖了裸露的地表，减少了地表径流，在水土流失严重的山坡地、风沙地等具有良好的保持水土的效果。进行果园生草后，根系分泌物和残根促进了微生物活动，有利于土壤团粒结构的形成；同时，草收割、死亡、腐烂后转化为有机质，成为土壤有机质的重要来

源，一些果树不容易吸收的营养元素，如钙、铁、磷等，经生草后也可转化为果树易吸收的营养形式，从而改善了果树的营养状况，提高了土壤肥力。生草改善了果园微环境和小气候，草对地表形成有效覆盖，缓和地表的温湿度变化，营造稳定的表层土壤环境，有利于根系生长；在干旱季节，生草还能有效提高果园湿度。生草的果园是良好的生物栖息地，病虫天敌可以栖息在果园里，为实行病虫害的生态防治提供了条件，减少了药剂使用，符合有机生产的理念。此外，进行生草后土壤耕作需求减少，节省劳动力。果园生草最大的不足是草和果树之间容易发生养分、水分的竞争，特别是在全园范围进行生草时，树体生长势会明显降低，甚至产量也受到严重影响，幼树尤为敏感。因此，我国一般采用行间生草、行内清耕覆盖的生草模式。

③覆草。利用作物秸秆、杂草等材料覆盖园地地面的一种土壤管理方式，具有显著的蓄水保墒作用。覆草减少了地面裸露，能够有效抑制土壤水分蒸发，对干旱地区和干旱季节的土壤保水具有显著作用。甜樱桃根系浅，根系活动受环境影响大，覆草降低了土壤温度的昼夜变化幅度和季节变化幅度，防止高温灼伤，利于甜樱桃根系生长和吸收功能的稳定发挥。覆盖物腐烂后掺入土壤，可增加土壤有机质含量，促进团粒结构形成，同时促进土壤微生物活动，增加土壤中钙、铁等矿质营养的有效含量，提高土壤肥力。覆草还能减少地表径流，防止水土流失和土壤侵蚀，对抑制杂草生长也有明显作用。但覆草果园春季地温上升慢，果树相应的物候期可能会延迟。长期覆草还容易引起果树根系上浮。

果园覆草在山坡地、旱地果园效果最为明显，降雨量大、易积水、土壤黏重的园区不宜进行覆草。覆草在一年四季均可进行，最好在雨季来临之前。各种杂草、树叶、作物秸秆、碎柴草等均可作为覆盖材料，能有效地抑制果园杂草的生长，而使用杂草覆盖时容易将杂草种子带入园内，对杂草控制不利。因此，在材料充足的条件下首先选用作物秸秆作为覆盖材料，作物秸秆不足时再以杂草等作为补充。覆盖前将材料铡断，便于操作，也利于腐烂。覆草厚度一般在 20 厘米，覆盖太厚浪费材料，也不利于雨水快速进入土壤；覆盖太薄则材料干枯不易腐烂，起不到良好的保水、培肥效果。树干周围 20～50 厘米不宜覆草，以防止病虫危害树干基部。覆盖后适当压土，防风防火。

此外，需要注意的是，大量秸秆、杂草的堆积可能引起虫害和鼠害，需做好病虫害预报和防治工作。病虫害严重的果园必须首先治理病虫再进行覆草，防止覆草后为病虫提供更好的栖息场所，加重危害。作物秸秆和杂草含氮量少，微生物分解覆盖物消耗大量氮，因此覆草会还引起土壤无机氮减少，可在有机生产允许的范围内补充氮肥。

④覆膜。用塑料薄膜覆盖园地的土壤管理措施。覆膜具有良好的增温、保墒效果。覆膜可以提高地温、抑制杂草生长、减少病虫害发生、提早果实成熟期并提高果实品质，对新栽果树进行覆膜还可以提高成活率。覆膜一般在行内进行，首先将树冠下地块的树叶、杂草、石块、瓦块等清理干净，并在树盘下做畦，之后将地膜覆盖于树盘区域。覆膜的操作方式可自行选择，但要保证地膜完全盖住根盘，盖完地膜后用土压住膜边缘处及交接处，防止被风损毁。

根据覆膜时间，果园覆膜可分为春季覆膜和秋季覆膜，其效果也有所不同。春季覆膜一般在早春进行。果园在早春覆膜后，地温上升加快，根系活动提前。同时覆膜又能防止水分蒸发，保水效果显著，利于新栽树的成活。但春季覆膜也存在许多弊病。春季覆盖的地膜一般可保存至夏季，夏季雨水多、温度高，地膜的存在不利于土壤热量散发和水分蒸发，容易引起土壤温度过高、湿度过大，对根系生长非常不利。因此，春季覆膜后，应在雨季来临之前做好排涝措施，在高温时适当覆盖遮光，或直接撤除地膜，减少地膜的负面作用。秋季是根系生长的高峰期，也是地上部养分回流的时期，此时果树生长中心在根部，覆盖地膜可以减缓地温的下降，延长根系的生长活动时期，增加根量，增加根系对养分的吸收和贮藏，提高树体营养水平；防止叶片过早脱落，延长叶片的功能期，提高树体的营养储备水平。同时，覆膜还可以有效延长微生物活动时间，增加土壤养分的转化，提高土壤肥力；此外，秋季覆膜还能防止害虫进入土壤越冬，对减少果园病虫有积极作用。

2. 施肥

（1）肥料的施用原则　合理施肥能够达到改良土壤、及时为农作物提供养分的目的；施用不当，不仅浪费肥料，还有可能影响作物生长并造成环境污染。进行有机甜樱桃栽培时，应根据园地的土壤状况，充分考虑甜樱桃的需肥规律和不同种类肥料的性质特点，选择适宜的肥料种类进行施用。

（2）甜樱桃需肥规律　甜樱桃的生长发育具有迅速、集中的特点，枝叶生长和开花结实都集中在生长季的前半期。甜樱桃果实发育期短，只有 30～50 天，其结果树一般每年只有春梢一次生长，春梢生长与果实发育处在同一时期，花芽分化也在果实采收后较短时间内完成，因此，甜樱桃对养分的需求也主要集中于生长季的前半期。提高越冬期间的树体贮藏营养水平，并在生长季及时补充养分，对甜樱桃开花结实和花芽分化具有重要作用。

（3）甜樱桃施肥的关键时期

①秋施基肥。一般在 9—11 月新梢停长之后进行，以早施为好，利于树体贮藏营养的积累。

②花前追肥。甜樱桃开花坐果期间对营养条件要求较高。萌芽、开花主要消耗贮藏营养，而坐果则主要靠当年的营养，因此初花期追肥对提高坐果率、促进枝叶生长有重要作用。

③采果后补肥。樱桃采果后 10 天左右，即开始大量分化花芽。但此时果实发育和新梢生长已消耗大量养分，容易出现树体养分亏缺。此时进行追肥非常关键，对增加营养积累、促进花芽分化、维持树势健壮具有重要作用。

3. 灌溉与排水

（1）甜樱桃需水规律　不同的生长发育时期，甜樱桃对水分的需求状况不同。在春季萌芽前，树体需要一定的水分才能正常萌芽，此时水分供应不足，会导致萌芽延迟或萌芽不整齐，影响新梢生长。在花期遭遇干旱或浇水过多，会引起落花落果，降低坐果率。甜樱桃新梢生长与果实发育同期，枝叶生长与果实发育均消耗大量水分，此时需水量最多，对缺水反应最为敏感，为需水临界期。如果供水不足，则削弱生长，影响果实发育。但在果实发育后期，若因灌水或降雨引起土壤、空气湿度变化过大，容易使果肉细胞膨胀过快，导致裂果。花芽分化期需水相对较少，水分过多反而对分化不利。秋季枝叶停止生长，根系活动减弱，树体内部进行营养物质的积累和转化，准备越冬，此时供给足够水分，可促进树体健壮，提高树体抗冻能力，减少冻害。

根据甜樱桃的需水规律，一般每年在 5 个时期灌溉，分别为萌芽前、果实硬核期、果实膨大期、果实采收后和封冻前，灌水量根据当地气候条件及土壤水分状况确定。萌芽前灌水，要注意在土壤解冻后进行，保证水分能渗透到地表 40 厘米以下。硬核期灌水，保证 10～30 厘米土层田间持水量高于 60%，防止幼果早衰脱落。果实膨大期灌水一般在采收前 10～15 天进行，为避免裂果，此时灌水应遵循少量多次原则。果实采收后，应结合追肥进行灌溉，满足树体树势恢复和花芽分化的需求。在落叶后至封冻前浇灌封冻水，可促进树体健壮，保证甜樱桃安全越冬。此外，甜樱桃不抗涝，对淹水反应敏感，雨季需注意排水。果实发育后期接近成熟和采收时，还应做好避雨措施，防止遇雨引起裂果。

（2）园地灌水方式

①地面灌溉。果树地面灌水方法较多，如漫灌、沟灌、穴灌、树盘或树行灌水等。地面灌溉需要的设施少、成本低、操作相对简便，但均匀性差，耗水量大，水分利用率低。

②喷灌。用专门的管道系统和动力设备，在一定水压下将水送至灌溉地段，并喷射到空中形成细小水滴洒到田间。与地面灌溉相比，喷灌具有节水、省工、保护土壤、调节小气候等优点。喷灌适应性强，对地形要求不高，适用于各种地形。特别是在土层薄、透水性强的沙质土尤其适用。但是喷灌也存在成本高、水分浪费的问题。

③微灌。通过管道系统与安装在末级管道上的灌水器，均匀、准确地将水以小流量的形式直接输送到树体根部附近土壤。微灌只湿润根区附近的部分土壤，是一种局部灌溉技术，也是一种高效节水灌溉技术，具有节水、省工、灌水均匀、保护土壤、适应性强等优点，在节水方面优于喷灌。但是微灌也存在成本高、易堵塞、限制根系发展等问题。

④渗灌。利用埋设于地下的管道系统，使灌溉水通过渗灌管道的微孔渗出，借助土壤毛细管的作用浸润根区。渗灌有节水、保持土壤疏松、减少杂草和病虫危害的优点。但渗灌同样存在成本高的缺点，施工复杂，设备管理、维护繁琐，堵塞或损坏后维修困难。在渗透性较强的轻质土壤中容易产生渗漏损失，坡地也不宜使用。

（3）园地排水系统　甜樱桃根系分布浅，呼吸强，极不耐涝，对淹水反应非常敏感。果园积涝会强烈抑制甜樱桃根系的呼吸作用，削弱树势，严重时甚至引起树体死亡。因此，多雨季节及灌溉过多时，甜樱桃园地应注意及时排涝。在地下水位较高的河滩地、低洼地、土壤透水性较差的偏黏土地以及盐碱地都应建立良好的防涝排水系统。

（四）省力化整形修剪技术

1. 整形修剪作用与依据

整形修剪是依据树体生长特性和栽培目的，结合自然条件和管理技术水平，采用一定的方法将果树调整成具有稳定树形和生长发育空间的一项技术措施。整形是将果树树体整成一定的形状，使树体的主干、主枝、枝组等具有一定的数量关系、空间布局和明确的主从关系，形成一定的排列形式和合理的树体结构，从而构成特定树形。修剪是指通过对具体枝条采取剪截、弯曲等处理措施，促进或抑制某些枝条的生长发育，从而调节树体局部或整体的生长发育。整形与修剪关系密切，相互配合，彼此依靠，整形主要通过修剪实现，而修剪必须根据整形的要求来进行。

（1）整形修剪的作用　修剪是对树体生长发育进行调节的主要

手段之一。通过修剪可以调节树体的生理状态，使树体生长发育符合经济生产的要求。通过整形修剪，可以调节树体与环境的关系；可以调节树体地上部分与地下部分的关系；可以调节树体营养状况；可以调节营养生长和生殖生长的关系。

（2）整形修剪的依据　对甜樱桃进行整形修剪的根本目的是形成产量和质量，提高经济效益。整形修剪应根据品种特性、树龄和树势、修剪反应、栽植方式、立地条件以及管理水平等基本因素进行有针对性的整形修剪。

①品种的生物学特性。甜樱桃存在许多品种，各品种的生物学特性也存在差异。这种差异表现在萌芽力、成枝力、分枝角度、枝条硬度、形成花芽的难易、枝条的类型和比例等各个方面。根据不同品种的生物学特性，选择合适的树形，采取有针对性的整形修剪方法，培养适宜的结果枝组，是甜樱桃整形修剪最基本的依据。对于萌芽率高、成枝力强的品种，要注意通过修剪控制树势、减缓枝条旺长、促进花芽分化，特别应注意控制树体顶部和外围的枝量，防止内膛光秃、结果部位外移。对于萌芽率低、成枝力弱的品种，应通过修剪刺激芽萌发和枝条形成，以增加枝叶量，形成合理的树体结构。

②树龄。甜樱桃所处的年龄时期不同，生长和结果的状况不一样，整形和修剪所要达到的目的也不同，因而采取的修剪方法也会不同。a. 从幼树期至结果初期，一般长势旺盛，一年有多次生长，枝量较少，枝条直立，角度不易开张，生长势强的长枝较多而中、短枝较少，花、果数量较少。此时修剪需要适当轻剪，以增加枝条总量和枝的级次，尽快扩大树冠，从而达到提早结果和早期丰产的目的。b. 进入盛果期以后，树体长势逐渐稳定，树势由强旺转为中庸或偏弱，总枝量显著增加，长枝比例减少而中、短枝比例增大，枝条角度逐渐开张，花、果数量也增多。整形修剪过程中，在保持原有树形的基础上，要适当加大修剪程度，注意控制树体负载量，对枝组、果枝及时更新复壮，防止树体衰老，延长盛果期年限。c. 甜樱桃进入衰老期后，树势明显衰弱，萌芽力、成枝力减

弱，枝叶量减少，并出现枝条、枝组枯死等现象，结果部位远离母枝，结果能力也开始明显衰退，果实产量和质量明显下降。此时修剪的主要任务则是更新复壮、恢复树势，延长树体的结果年限。

③树势。树势是修剪的重要依据。树势过强、生长过旺时，树冠内外新梢生长量大，长枝数量多而中、短枝数量不足。对于这类树体，不论处于何种年龄阶段，修剪量都应从轻，以疏剪、缓放为主，甚至不剪，以便缓和树势，成花结果。树势偏弱的树，长梢数量少而中、短枝相对较多，在修剪上可适当加重，并配合增施水肥、降低负载量等措施增强树势、增加枝量。但对于成枝力较差的衰弱树，重剪反而会使树势更加衰弱，应首先采取加强水肥管理等综合措施，增强树势后，再采取适当的修剪措施。在同一植株上，也会出现不同部位树势不平衡的现象，主要表现为上下层之间或同层各主枝之间的不平衡，如上强下弱、上弱下强、外强内弱及中央领导干与主枝相比过强或过弱等。进行调整的基本原则是削弱强势部位，增强弱势部位，使树体各组成部分比例适当、关系协调，从而使树体生长均衡，树势稳定，利于丰产稳产。

④修剪反应。树体修剪反应是确定修剪方式的重要依据。果树的修剪反应分为两部分：局部反应和整体反应。局部反应指修剪部位附近局部区域的芽萌发、枝条形成、成花及结果状况；整体反应指树体的整体生长状况，如总生长量、总枝量、新梢年生长量、干周增长量、枝条充实程度，全树的枝条密度、角度，以及花芽分化、果实产量和品质形成等。品种不同，对修剪的反应不同。而即使是同一个品种，在不同的时期进行修剪，或对不同部位的枝条使用同一种修剪方式处理时，其反应的性质和强度、范围也会表现出很大的差异。因此，修剪反应既是合理修剪的依据，也是衡量、检验修剪正确与否的直观标准。只有熟悉掌握修剪反应的规律，才能做到合理整形修剪。

⑤栽植密度和栽植方式。栽植密度和栽植方式不同，其整形修剪的方式也各不相同。一般栽植密度大的果树，整形时要注意培养

枝条级次低、小骨架和小树冠的树形。修剪时要特别强调开张角度，控制营养生长，促进花芽形成和抑制树冠扩大，以发挥其提早结果和早期丰产的潜力。对栽植密度较小的果树，则需要适当增加枝条的级次和枝条的总数量，以便迅速扩大树冠，充分利用空间，成花结果。对永久性植株和临时性植株，要采取各不相同的整形修剪技术。永久性植株的修剪可采取常规措施；而对临时性植株的修剪，则要尽量采取促花、压缩树冠和控制生长的技术措施，促其早结果、多结果。在不影响永久性植株树冠扩展的情况下，对临时性植株要充分利用；当永久性植株树冠扩展受影响时，需要依据具体情况对临时性植株进行修剪、移栽或间伐。

⑥立地条件和管理水平。果树的生长发育和结果状况受立地条件、栽培管理水平的影响，对修剪的反应也会因此发生变化。土质瘠薄、干旱的山丘地果园，一般树势偏弱、树体矮小、成花快、结果早，应选用密植、小冠树形，修剪程度适当加重，多短截，少疏枝，注意枝组的更新复壮，以维持树体的健壮生长。而在土层深厚、水肥充足、管理水平较高的果园，一般树势强旺、枝量较大，可适当加大株行距，扩大树冠，同时以缓放为主，轻度修剪，配合拉枝、开张角度，从而达到缓和树势、促进成花结果的目的。

2. 适用的树形及整形方法

甜樱桃生长旺盛，树体高大，管理及采收作业困难。若采用矮化树形，实行密植栽培，不但能提早结果，而且生产管理简便，节省劳动力投入。随着矮化砧、短枝型、人工控制手段的实施，矮化密植栽培制度应用于甜樱桃上获得了巨大成功，表现出早结果、早丰产，品质好，便于喷药、修剪、采收等诸多优点，大大促进了世界甜樱桃业的发展。针对甜樱桃矮化栽培，目前生产中主要采用以下几种适用树形。

（1）小冠疏层形及整形方法　近10余年来，山东省果树研究所刘庆忠研究员等借助于苹果的整形修剪技术、结合甜樱桃的生长结果习性，研制了一种有中心干的矮化树形，称为小冠疏层形。该树形由苹果小冠疏层形改造移植而来，在山东肥城市安驾庄镇前寨子村定型并标准化,在山东省多处应用效果良好。

甜樱桃植株与苹果相比,叶片大而厚,树体地上部生长速度快,生长量大,由于根系呼吸旺盛,根系多集中于地表,主根、侧根不发达,表现为不抗风、不抗涝、固地性差。甜樱桃的果枝可分为花束状果枝、短果枝(5 厘米以下)、中果枝、长果枝。花束状果枝上的芽多为丛生花芽;短果枝顶芽可能为叶芽,而基部多为混合的腋花芽;而中、长果枝仅基部几个芽为腋花芽,向上均为叶芽。短果枝和中、长果枝上的花芽不仅坐果率高,而且所结的果实个大;花束状果枝上的丛生花芽坐果率低,果个小。结果枝组中以短果枝和中、长果枝的腋花芽结果为主,而不是像纺锤树形那样以花束状果枝结果为主。

①树形特点。甜樱桃小冠疏层形的基本构架是主干高 30～60 厘米,树高 3.0～3.5 米,冠径 3.0～3.5 米。中干可直可弯曲,主枝 6 个且分层,第一层 3 个主枝,第二层 2 个,第三层 1 个。3 层以上开心,以改善内膛光照状况。层间距较小,第一、二层间距 60 厘米左右。第一层主枝大,着生的结果枝组多,根据空间的大小可配置 1～2 个侧枝。2 层以上的主枝不留侧枝,直接着生结果枝组。各主枝角度开张,基角以 60°～70° 为宜,腰角、

图 4-1 二年生小冠疏层形
甜樱桃树体结构

梢角逐渐减小。下层主枝角度大于上层,层间及其他大空档可适当留有辅养枝(图 4-1)。该树形具有中央领导干,树体大小完全依赖于砧木控制和手工致矮技术(摘心和环剥)。采用矮化砧木吉塞拉 5 号作砧木,矮化程度适宜,早实性强,不影响果实大小,定植后第二年便有一定的产量。

②整形过程。小冠疏层形具有中央领导干,为了快速成型、培

养牢固的骨架和强壮的根系、防止树体的倒伏，实行定植后头 3 年重施肥，冬季对主枝延长头、中心干重短截的原则。春、夏季对各主枝的侧生枝和背上枝实行多次摘心，以培养侧枝和结果枝组。具体整形修剪方法如下：

选用健壮、最好有分枝的苗木定植。在发芽前剪留 60～80 厘米定干。定干后保留剪口下第一芽，第二至四个芽抠除，以使下部抽生的分枝角度加大，枝条生长中庸。第一年应加强肥水，促使各分枝及中心干生长，若中心干过旺，与其他各分枝生长比例失衡，可在晚夏对其顶端进行摘心。为开张各侧枝角度，可在 8 月下旬到 10 月上旬进行适度拉枝。

第二年春季对中心干及其余 3 个主枝留 60～80 厘米进行短截，同样保留剪口芽，去除剪口下第二至五芽。对基角不开张的主枝可用木棍撑开，为防止劈裂，可在主枝基部背面锯 1～3 个斜口。为培养侧枝，可在适当部位进行刻芽，促进萌发。春季新梢生长 20 厘米左右，除中央领导干、各个主枝和基部三大主枝上的侧枝延长头以外，其余萌发的新梢应保留 10 厘米进行摘心，促进成花，培养结果枝组。若有条件，8—9 月可进行拉枝。

第三年的整形修剪目标是继续培养健壮、牢固的骨架。在促进整株生长的同时，也应局部缓和枝条的生长势，促进花芽的分化。同样，冬季修剪时对中央领导干、一、二层五大主枝及其侧枝的延长头均留 60～80 厘米进行短截，短截后留剪口芽，去除剪口下第二至五芽，各结果枝组也同样留 10～20 厘米进行短截。采用绳拉、棍撑等方法开张主枝角度。春季当新梢生长到 20 厘米左右时，除各主枝、中央领导干、基部三大主枝上的侧枝延长头外，其余的新梢应保留 10 厘米长度进行摘心促花，培养结果枝。对于生长较旺的背上新梢和侧生新梢，可连续进行多次摘心。对于主干直径超过 12 厘米的植株，可于 4 月 10 日至 5 月 1 日进行主干环剥，以促进摘心新梢形成腋花芽。

通过前 3 年的生长，地上建立起了强壮的骨架，地下形成了发达的根系，因此第四年管理的目标是减慢树体的生长，促进花芽的形成，在地上管理中也应少施氮肥。春季修剪时，上部留 1 个分枝并进行短截，以培养成第三层主枝，去除顶部延长头（开心）。如有空间可短截各主枝、侧枝延长头。春季新梢生长到 20 厘米左右时，进行摘心促进腋花芽形成，各主枝、侧枝延长头也应进行摘心以促进内膛结果枝组的生长，达到控前促后、防止内膛光秃的目的。为保证坐果率、增大果个、促进花芽分化，可于盛花期（4 月 5—10 日）进行主干环剥，对于过旺的树可于 5 月 1—10 日实行第二次环剥，以促进花芽的分化。

该树形最大的特点是以中、长果枝为主，辅以少量短果枝，彻底排除了花束状果枝，花芽均为枝条的腋花芽。因此除短果枝外，中、长果枝必须保留 1 个叶芽进行短截，如果把握不准，可适当留长，但必须进行花前复剪。

③树形效果。采用小冠疏层形及前期冬季修剪重短截的修剪手段，有效地强化了树体的骨架，促进根系的生长，增强了树体的抗风能力。采用摘心、环剥培养中、长果枝腋花芽的修剪手法，使树体的花芽提前分化，避开了夏季高温季节，有效减少了畸形果的发生。采用健壮的中、长果枝腋花芽结果，配以摘心和环剥，促进了养分的集中供给，比传统纺锤形的花束状果枝结果大、成熟期早、质量高。主枝或侧枝上的结果枝组连续结果能力强，果枝的更新复壮仅发生在结果枝组上，而不像传统纺锤形那样采用主枝回缩更新，延长了树体寿命。由此可见，采用小冠疏层形配合适当的修剪手法，不失为甜樱桃的一种优良树形，在我国甜樱桃产区具有广阔的推广前景。

（2）纺锤形及整形方法

①树形特点。借鉴自然生长的野樱桃具有中心干的习性，着眼于光线从树冠外围到内膛、从顶部到底部分布均匀，依据早期丰产、易于操作、便于采收的原则设计了此树形。

甜樱桃纺锤树形的基本构架是树高 3.0～3.5 米，冠径 2.5～3.5 米。主干高 60～80 厘米，主干上着生水平、单轴延伸的结果枝组 10～15 个，株间可以连接形成树篱形，但行间树冠不能交接，

以免互相遮阴（图 4-2）。因纺锤形具
有中央领导干，树体大小完全依赖砧
木控制，所以采用矮化的吉塞拉系列
砧木。采用该砧木矮化程度适宜，早
实性强，不影响果实大小，植后第三
年便有产量。

②整形过程。纺锤形具有中央领
导干，从定植到大量结果之前应始终
保持中庸长势。选用矮化砧木，栽后
头 2～3 年少施氮肥，修剪时少短截。
具体整形修剪方法如下：

图 4-2　纺锤树形的甜樱桃树

选用健壮、最好有分枝的苗木定
植。在发芽期剪留 80～100 厘米定干。定干保留剪口下第一芽，其
下 2～5 芽抠除，下部芽抽生的分枝基角加大，枝条生长中庸。当
分枝生长到 20 厘米以上时，采用木衣夹进一步撑枝开角，使分枝
呈水平、生长势进一步减缓。第一年中心干的生长量以 60～80 厘
米最为适宜，若生长太旺，易使分枝向上直立生长，为防止中干旺
长，宜少施肥灌水，或用绳子拉枝。

第二年春天修剪，若中央领导干长度不足 80 厘米可不短截，
让顶芽继续生长，但要去掉顶芽以下的 2～5 芽。若中心干长度超
过 80 厘米，则留 80 厘米短截，保留剪口芽，去掉剪口芽之下的 2～
5 芽。中心干上的分枝要求分布均匀、螺旋上升、无明显的层次。
夏季用木衣夹开大分枝的角度。特别应注意树体平衡，上部分枝的
长度短于下部分枝，侧枝的粗度不能大于中心干的一半。过大的枝
和直立生长的新梢应在春、秋尽早疏除。分枝上的副梢及时摘心，
保持延长枝的优势。宾库和拉宾斯顶端优势强、分枝能力差、分
枝基角小，可用普洛马林涂芽，或用钢锯条刻芽，促使芽萌发
抽枝。

至盛果期，树体生长减慢，树体骨架已定，要进行更新修剪及
维持树的高度。当树高达 3.0～4.5 米时，就不再将侧生分枝拉平，

而是在果实采收后进行回缩，即剪去先端部分，回缩至后部有较弱侧枝的部位。尽早疏除上部遮阴强的密枝和直立旺枝。由于低龄果枝结的果实最大，所以为增大单果重，盛果期的树应及时对结果3～4年的枝组进行回缩更新。每年应对20%～30%的枝组进行回缩更新，使全树的延长枝生长量不少于15～30厘米。更新修剪宜在果实采收后立即进行，而不是在冬、春季进行。在生长季，随时疏除主、侧枝上的直立枝，主、侧枝先端下垂时，及时对其回缩至有水平枝处，保持水平延伸状态。回缩枝最少留5～15厘米的短桩，短桩上的芽萌发后，于仲夏去除多余的萌蘖（疏梢），被回缩枝的粗度小于中央领导干粗的1/3，否则尽快疏除。

③树形效果。德国富兰考尼安地区有80%的新建甜樱桃园采用了纺锤形。该种树形能早期丰产，易于管理，便于采收，树冠内外光照均匀，是其能在全世界快速推广的重要原因。

（3）改良纺锤树形及整形方法

①树形特点。甜樱桃改良纺锤树形的基本构架是树高3.0～3.5米，冠径3～4米，主干高度30～50厘米。中干上着生7～10个单轴延伸的主枝，有的主枝上着生2～4个单轴分枝。株间可交接形成树篱，但行间距较大。采用该树形进行密植栽培，如修剪得当、管理良好，栽后第三年即可基本成形，大量结果（图4-3）。

②整形方法。芽苗定植后，新梢长至70厘米高时摘心促发分枝。生长季增施肥水，促进树体快速生长。

图4-3　甜樱桃的改良纺锤形

第二年春发芽前，有分枝的树，将分枝全部拉平，不短截，单轴延伸。主枝先端30厘米以下的侧芽全部刻伤。中心干留80厘米短截，并用钢锯条刻中下部的芽，促其萌发分枝。主枝除延长头外，所有背上芽和背后芽发出的新梢长至 30 厘米左右时，均留 20 厘米摘心，以促使其基部当年形成花芽。在水肥条件较好的情况下，当年生枝最大生长量可达 2 米。

定植第三年开始结果，在这一阶段要求基本完成整形任务。春季继续拉枝。拉枝时为了防止劈裂，可在主枝背面锯 1～3 个锯口。中心干延长头留 60 厘米短截，注意疏除中心干上的竞争枝。冬剪时中心干留 60～80 厘米短截，用拉枝法开张主枝角度，使基角接近 90°。此时树高 3～3.5 米，最多 10 个主枝，主枝间距控制在 20 厘米以内。侧枝或结果枝不短截，以缓和树势。此时，花束状短枝已大量形成，已具备丰产能力。

第四年后进入丰产期。由于吉塞拉 5 号矮化效果明显，能显著缓和树体长势，所以，进入丰产期后必需注意调整负荷，以维持树势。为防止高产品种负载量过大而果个变小，冬季修剪要加重回缩。生长季注意疏除交叉枝、直立枝、衰老枝和病虫枝，留平斜、中庸枝，保持树冠内膛光照通透。要特别注意调整树体负荷，对坐果过多的树，要及时回缩更新，防止树体早衰。

③树形效果。甜樱桃采用吉塞拉系列矮化砧木和改良纺锤树形，有利于矮化密植和规模化、集约化生产。可大大降低甜樱桃的生产成本，提早结果，早期丰产，投资回报迅速。整形修剪技术简便易行，且丰产稳产，果实品质好，具有广阔的推广前景。

（4）丛枝树形及整形方法　采用丛枝树形可以实现高密度栽培，甜樱桃结果早，产量高，质量好，2/3 的果实可不必登梯采收。美国俄勒冈州立大学甜樱桃推广处的林·朗和华盛顿州立大学普鲁沙灌溉农业研究推广中心的格雷高里·兰曾两度赴欧洲学习，现已在美国大面积推广应用，获得了良好效果。

①树形特点。丛枝形树高 2.5～3.0 米，冠径 3～4 米，主干高度 30 厘米，主干上着生 4～5 个大的主枝，每个主枝上着生 4～5 个单轴延伸的分枝。株间可以连接形成树篱形，但行间树冠不能交接，以免相互遮阴（图 4-4）。采用该种树形实行高密度栽培，在

修剪得当、土壤管理良好的条件下，第三年就可大量结果。

②整形方法。选用健壮苗木定植。为增大分枝角度，一般在芽萌动时定干，定干高度 35～45 厘米。为开张主枝的基角，当新梢长到 10 厘米时，用牙签或大头针支撑开角，或在秋后或第二年春季萌芽后拉枝，使分枝与主干延伸线之间的夹角达 60°以上。特别是拉宾斯等直立型品种，拉枝和开张角度更重要。

图 4-4　甜樱桃丛枝树形

采用该树形的幼树，第一年只进行夏剪。土壤肥沃及管理水平高的条件下，当年生枝可长达 2 米，需在新梢长 50 厘米、铅笔一样粗时重摘心（摘去 20 厘米）。在美国华盛顿州和俄勒冈州，定植第一年的生长量小于 1 米，达不到重摘心的程度，需待第二年枝梢总长达到要求时才能进行。

第二年开始应缓和长势，减少施肥量，以保证第四年有相当的产量。经过 2 年多次摘心，分枝增多，营养分散，长势缓和，有利于早期丰产。当枝梢多、树冠内膛光照不良时，需在 8 月中下旬进行疏枝或拉枝。

第三年整形修剪的目标是最大限度地提高产量和质量。通过前 2 年的生长，树体骨架已经建立，部分树已开花结果。此时重剪会延迟结果，不修剪又会引起树冠内郁闭、果实质量变差、内膛短枝死亡光秃，因此必须控制树势平衡。春季萌芽后在有发展空间的位置继续拉枝。采收后，根据树体长势确定修剪程度。强壮、直立的大枝有选择地回缩至一半或仅留短桩。若树势极强，回缩短截后应注意除萌蘖，防止抽生徒长枝。此外，每株应选 3～4 个强壮结果枝组，采果后留 5～15 厘米重回缩更新，使其剪后的短桩上萌发更新枝，代替老枝。全部结果枝组的年龄不超过 4 年，实现结果枝组的轮替更新，使结果的优势部位保持在二至三年生枝段上，从而克服多年生鸡爪枝多、果实变小的弊端。交叉枝和过密枝疏除，弱枝和水平枝保留结果。第四年树体和地下管理的目标是减慢树体生长，促进花芽形成。应停止摘心促枝，果实采收前环剥（需加保护），控制生长，促进花芽分化。

第四年以后进入稳定结果期，修剪的任务是更新老枝和调节光照分布，增大果个，提高果实质量。每年进行回缩修剪，采收后将四年生枝回缩成短桩，使树冠内各分枝的年龄不超过 4 年。每年于花后、采收后、8 月底或 9 月初进行 2～3 次疏枝，重点疏除交叉枝、直立枝、旺长枝，保持树冠开心，光照通透。当树体进入稳定结果和高产阶段时，特别是高产品种拉宾斯和甜心，要防止果个变小。为增大果个，宜在花后短截回缩结果枝和枝组。剪前按树株估产，确定每株的负载量，疏掉多余的花。短截结果枝，坐果越多，短截越重，控制营养生长，促进坐果。

每年夏末采收后进行第二次修剪，重点是回缩更新，保持树冠内膛光照均匀，控制树体高度，使其保持在 2.5～3.0 米。在夏季气候炎热的地区，回缩修剪宜在晚夏进行，防止曝晒引起的树干日烧病。通过疏去或回缩直立和交叉重叠枝，树冠内膛的光照条件可得到改善。修剪时保留水平弱枝结果，直立枝回缩到花芽处，始终要掌握对树体开心、去强旺枝、留平斜中庸枝条的原则。

③树形效果。丛枝树形简便易行，应用广泛，在西班牙有二十多年生的大树樱桃园，美国西部也有十年生的园片。该树形早实、丰产、果个大、产量高，采果不用高梯，安全省力，值得借鉴。

（5）乔砧甜樱桃矮化纺锤树形

①树形特点。甜樱桃乔砧矮化纺锤形是从苹果纺锤形改造移植过来的，目前在山东各甜樱桃产区多有应用。该树形主干高 50～80 厘米，株高 3.0～3.5 米，冠径 2.5～3.5 米。具中心干，中心干可直、可弯曲，其上水平着生 15～20 个单轴延伸、交错排列的主枝，各主枝与中心干的夹角为 70°～90°。各主枝上不留侧枝，直

接着生结果枝组。整个树体从外围到内腔、从顶部到底部光照分布良好。该树形易早期丰产，由于树体较小，修剪、采收、喷药等管理非常方便。

②整形方法。选用健壮苗木定植，发芽前留 80～100 厘米定干。定植当年应加强水肥管理，促使各分枝及中心干加快生长。若中心干或某个分枝过旺，可在晚夏对其摘心。8 月下旬至 10 月上旬对各分枝拉枝开角。

第二年春季发芽前对中心干延长枝留 60～80 厘米短截，保留剪口芽，去除剪口下第二至五芽。对延长枝以下的各强旺枝留 5～10 厘米短桩重短截，以增大根冠比，防止树体倒伏。发芽后每个短桩上可萌生基角开张、与中心干比例适宜的分枝 2～3 个。8—9 月可对各分枝拉枝开角。全年应加强水肥管理，促进树体骨架生长、快速成型，同时密切注意防止上层新梢生长过旺。

第三年春季发芽前同样对中心干延长枝留 60～80 厘米短截，保留剪口芽，去除其下 2～5 芽。为了继续扩大根冠比和使主枝与中干保持适宜的粗度比，对角度小的一年生强旺枝留短桩重截。对二年生枝的背上新梢及侧生新梢留 10 厘米连续进行多次重摘心，以维持主枝的单轴延伸和培养结果枝组。当新梢长到 60～80 厘米时，及时喷布多效唑 500 倍液，防止生长过旺。对角度小的主枝进行拉枝开角。

第四年，只要树高不超过 3.5 米，中心干延长枝可继续留 60～80 厘米短截。若已达到高度应及时进行开心，以改善内腔的光照状况。对一年生枝的处理同前，继续留短桩重短截。对背上和侧生新梢连续多次摘心，维持主枝的单轴延伸。根据树势状况及时（多次）喷施多效唑，以促进花束状果枝及短果枝的形成。生长季随时疏除主枝上的直立枝。主枝先端下垂时，回缩至有水平枝处。

进入盛果期的树在产量及多效唑的控制影响下生长减缓，在维持树体高度的同时，应及时进行更新修剪和加强水肥管理，以维持树势，并注意控前促后，防止内腔光秃。由于低龄果枝所结的果实单果重较大，所以应及时在盛果期树已结果 3～4 年的枝组的基部进行回缩更新，每年更新率应在 20%～30%。更新修剪在果实采收后立即进行，勿在冬、春季进行，以避免树体返旺。回缩时应留 5～15 厘米的短桩，短桩上的芽萌发后，仲夏及时去除多余新梢，防止相互竞争，并培养中、短果枝结果。

③树形效果。采用乔化砧木的甜樱桃，按纺锤形进行整形修剪，配合多效唑化学控制，可以成功地进行矮化密植栽培。冬季修剪对主枝重截留短桩，可以降低主枝与中干的粗度比，延缓树冠扩大，增大根冠比，增强树体的抗风能力。结果枝组的及时更新，既能维持连续结果能力，又能生产优质大果和延长枝组寿命。采用纺锤树形及适当的修剪手法，结合进行多效唑化学控制，在我国广大乔砧甜樱桃栽培区具有很好的推广前景。

（五）主要病虫害防控技术

1. 病害

（1）流胶病。主要危害樱桃主干和主枝，初期枝干的枝杈处出现伤口肿胀，流出黄白色半透明的黏质物，皮层及木质部变褐腐朽，导致树势衰弱，严重时枝干枯死。

防治方法：樱桃树不耐涝，起垄栽培，防止地涝伤根；保持土壤透气良好，增施土杂肥和钙、硼的施用量，增强树势，提高抗病力。另外，对流胶处涂刷高浓度杀菌剂有治疗作用，如戊唑醇、多菌灵、甲基硫菌灵、石硫合剂、波尔多液等。

（2）腐烂病 主要危害主干和枝干，造成树皮腐烂，致使枝枯树死。初期病部皮层稍肿起，略带紫红色并出现流胶，最后皮层变褐色枯死，有酒糟味，表面产生黑色突起小粒点。病原菌在树干病组织中越冬，翌年 3—4 月产生分生孢子，借风雨和昆虫传播，自伤口及皮孔侵入。病斑多发生在近地面的主干上，春、秋两季最为适宜，尤以 4—6 月发病最盛。

防治方法：发芽前刮去翘起的树皮及坏死组织，然后向病部喷施 40%福美胂可湿性粉剂 300 倍液。生长期发现病斑，可刮去病部，涂抹 40%福美胂可湿性粉剂 50 倍液、50%多菌灵可湿性粉剂

50～100 倍液等药剂，间隔 7～10 天再涂 1 次。

（3）木腐病 在枝干部的冻伤、虫伤、机械伤等各种伤口部位，散生或群聚生病菌小型子实体，外部症状如膏药状或覆瓦状。被害木质部形成不明显的白色边材腐朽。致病菌为担子真菌，与蘑菇属同类菌。衰弱树、濒临死树易感病。伤口多而衰弱的树发病较重。

防治方法：加强果园管理，增强树势。对重病树、衰老树、濒死树，要及时挖除烧毁。在园内增施肥料，合理修剪；及时涂抹油漆、乳胶漆保护伤口，其中混加戊唑醇等三唑类药剂效果更好，浓度为生长季节喷雾浓度的 5～10 倍。

（4）褐斑病 主要危害叶片和新梢。叶上病斑圆形或近圆形，略带轮纹，中央灰褐色，边缘紫褐色，病部生灰褐色小霉点，后期散生的病斑多穿孔、脱落，造成大量落叶。病菌以菌丝体在病叶、病枝梢组织内越冬，翌春气温回升，降雨后产生分生孢子，借风雨传播。病部多次产生分生孢子，进行再侵染。低温多雨利于病害的发生和流行。6 月下旬或 7 月初始见发生，7 月下旬进入发病高峰；初次防治关键期为 6 月中旬。

防治方法：树体发芽前，喷施一次 4～5 波美度石硫合剂。谢花后 10 天进行防治，可选择丙森锌、代森锰锌、咪鲜胺、戊唑醇、苯醚甲环唑、氟硅唑、醚菌酯、吡唑醚菌酯等药剂，连续喷 3 次。

（5）炭疽病 樱桃炭疽病，通常在果实表面形成褐色圆环，伴有凹陷型坏死，并可能产生橙色孢子。被侵染的酸樱桃果实在生长季早期会变干，但通常情况下酸樱桃和甜樱桃的果实被侵染后在临近成熟或采后果实开始腐烂。一般叶片发病时，病斑有轮纹，中部色浅，有散生的黑色小点。果实发病初生暗褐色或暗绿色圆斑，后变黑褐色至黑色，略凹陷，严重时可发展至整果。病菌主要以菌丝在病梢组织和树上僵果中越冬。翌春 3 月上中旬至 4 月中下旬，产生分生孢子，借风雨传播，侵染新梢和幼果。5 月初至 6 月发生再侵染。生长季后期，炭疽菌能够侵染甜樱桃、酸樱桃叶片，且不表现症状。病原菌侵染在结果枝叶片的比例高于营养枝叶片。因此，要及时清除烂果、落果，及时疏除畸形果，清除果园杂草、观赏植物、野生树木和其他果树，减少病原菌数量。

防治方法：在落花期及随后的 6 周内喷施预防性杀菌剂，或采收前 1～2 周喷施治疗性杀菌剂，能有效防治炭疽病。常用药剂有福美锌、丙森锌、代森锰锌、戊唑醇、咪鲜胺、醚菌酯、吡唑醚菌酯等。

（6）细菌性穿孔病　叶片受害，开始时产生半透明油渍状小斑点，后逐渐扩大，呈圆形或近似圆形，紫褐色或褐色，周围有淡黄色晕环。病健交界处形成裂纹，最后病斑干枯脱落形成穿孔。有时数个病斑相连，形成一个大斑，焦枯脱落后形成一个大的穿孔，孔边缘不整齐。病菌在落叶或枝梢上越冬，翌春开花前后，病菌从坏死的组织中溢出，借风雨或昆虫传播，经气孔侵入，空气相对湿度 70％～90％利于发病。7—8 月发病严重。多雨、多雾、通风透光差、排水不良、树势弱、偏施氮肥等条件下大樱桃园发病较重。

防治方法：加强果园管理，增强树势，增施有机肥，合理修剪，改善通风透光条件，及时排水。冬季除落叶，剪除病梢集中烧毁。发芽前喷 5 波美度石硫合剂或 45％晶体石硫合剂 30 倍液。发芽后喷 72％农用链霉素 3 000 倍液，或 65％代森锰锌 500 倍液，也可使用噻唑锌、喹啉铜、代森锰锌、福美锌、福美双等。

（7）褐腐病　褐腐病是当前世界范围内酸樱桃及甜樱桃的主要病害，致病菌是链核盘菌属中的 4 种真菌，这 4 种真菌均能引起果实褐腐病。真菌侵染后可造成酸樱桃及甜樱桃果实的严重损失，特别是在花期及采收期前遭遇极潮湿天气的情况下。主要危害果实，引起果腐。花后 10 天幼果开始发病，幼果染病，表面初现褐色病斑，后扩及全果，致果实收缩，成为畸形果，病部表面产生灰白色粉状物，即病菌分生孢子。病果多悬挂在树梢上，成为僵果。

春季气温相对较低的气候条件对病原菌比较有利。它可以在 5℃和极短暂的湿润条件下侵染宿主植物。花期主要是由分生孢子进行侵染，而分生孢子随雨水或风传播。在花期，当病原菌的分生孢子落到宿主植物的敏感性组织时，在适宜的温度和湿度条件下，孢子可在 2 小时内萌发。对病原菌而言，侵染过程中湿润的时间更加重要。如果没有一定时间适宜的湿度条件，即使病菌接种量很高也不会造成褐腐病菌的感染。当果实表面持续 15 小时以上保持湿润，约 80% 的樱桃果实会被侵染。

果实采后褐腐病的发病率也很高，主要原因是樱桃果实在收获后贮藏时间较短，而在这个时期果实对链核盘菌属真菌抵抗力很弱。果实采摘及加工过程应避免机械损伤、采收后采用水冷或风冷技术迅速预冷、用无菌容器贮藏、适时采收等措施可有效降低采收后褐腐病的发生。为了避免链核盘菌属真菌的孢子在果实水冷系统中传播，通常在冷却水中添加氯气或二氧化氯等消毒剂。

防治方法：及时收集病叶和病果，集中烧毁或深埋，以减少菌源；合理修剪，使树冠具有良好的通风透光条件；发芽前喷 1 次 3~5 波美度石硫合剂；从花萼期开始，每隔 7~10 天喷布 1 次腐霉利、异菌脲、戊唑醇、菌核净或吡唑醚菌酯等进行预防。有病症时可配上甲霜锰锌、苯甲嘧菌酯等，幼果期对农药敏感，须注意防药害。

（8）灰霉病 灰霉病由植物病原真菌灰葡萄孢菌引起，是樱桃果实采收前后的主要病害之一。该病原菌可侵染樱桃花器官的各个组织及樱桃的叶、果。受天气条件影响，花器官被灰霉病菌侵染后可导致花枯病，严重时部分枝条枯死或潜隐性侵染。当花器官中被病菌侵染的组织接触到发育中的果实时，果实表面将形成褐色病斑并迅速扩张，病部表面密生大量灰色霉层，最后病果干缩脱落，并在表面形成黑色小菌核。叶片受害时，先表现为褐色油渍状斑点，后扩大呈不规则大斑，逐渐着生灰色毛绒霉状物；潮湿条件下，病原菌在坏死组织处形成大量分生孢子，而分生孢子是灰霉病最重要的病害传播的介体。分生孢子也可感染发育中的果实，导致果实表面产生小坏死斑或褐色坏死斑，周围形成红色圆环，最终腐烂。许多真菌是通过伤口侵入的，因此，采后果实腐烂主要归因于采摘前、采摘时或采摘后出现的损伤。一旦真菌孢子落入果实伤口处，即使在冷链运输、贮藏过程保持 0℃的低温，果实也会迅速腐烂。

防治方法：结合冬季修剪清除病残体，彻底清园并集中烧毁；生长季节摘除病果、病叶；防治果园昆虫，改造果园微气候（如果园树列走向、树体修剪、预防裂果）、减少病原菌的营养来源。采收前搭建避雨棚能够显著减少包括灰葡萄孢菌的各种真菌引起的果实腐烂。严格控制浇水，尤其在花期和果期应控制用水量和次数；不偏施氮肥，增施磷、钾肥，培育壮苗，以提高植株自身的抗病力；注意农事操作卫生，预防冻害；加强通风排湿，使空气的相对湿度不超过 65％，可有效防止和减轻灰霉病。从花序分离期开始，每隔 7～10 天喷布 1 次腐霉利、异菌脲、戊唑醇、菌核净或吡唑醚菌酯。绝不可以使用嘧霉胺，否则会产生药害。

（9）根癌病　根癌病是一种细菌性病害，分布广泛，寄主达600 多种。虽然根癌病在世界各地都有发生，但在温带气候地区尤为普遍并极具破坏性。樱桃根癌病的症状和大多数易感植物上的典型症状类似。由于樱桃根在地下，靠肉眼观察难以发现最初的症状。通常在土壤附近、嫁接处、根颈部形成圆形或不规则形的瘤状物。瘤的大小不等，最具破坏性的是发生在主根或根颈上的瘤。初期的根瘤小而圆，颜色浅，柔软，随着根瘤逐渐增大，颜色变深，质地变硬，表面粗糙、龟裂。较老的根瘤及其附近部位变海绵状、腐烂并破裂。大的根瘤能束缚主根或茎，阻碍植株的输导功能，如水分和养分的运输。受害植株生长缓慢，产量降低。而且，这些植株对非生物胁迫更加敏感，尤其是霜冻。随着根癌病的发展，树势逐渐衰弱直至死亡。根癌病是由根癌科土壤杆菌属（又称农杆菌属）细菌引起的。根癌致病菌在土壤中可存活数月到 2 年，在癌瘤组织皮层内和土壤中越冬。病菌借雨水、灌溉水、地下害虫、嫁接工具、作业农具等传播，带病种苗和种条调运可远距离传播。病原菌主要由人工造成的各类伤口或非生物/生物因素造成的伤口入侵。如果土壤被病原菌污染了，常规的种植前根部修剪造成的伤口即可引发感染。此外，携带病原菌的苗圃材料是另一个重要的病菌源。

携带病原菌的苗木的买卖是远距离传播根癌病的重要途径，这些苗木有的有症状、有的没有症状。病原菌可存在于症状不明显的根癌中来进行远距离传播。

防治方法：为了防止樱桃根癌病的暴发和蔓延，必须建立植物检疫措施，从源头规范苗圃生产无病原体的苗木。避免在有根癌病史的土壤上栽种果树。选育苗时应用 K84 拌种，苗木定植前蘸根实施免疫是最有效的方法。加强水肥管理。耕作和施肥时，应注意不要伤根，并及时防治地下害虫和咀嚼式口器昆虫及线虫，施用腐熟的有机肥。发病后要彻底挖除病株，并集中处理。挖除病株后的土壤用 10%～20%农用链霉素或 1%波尔多液进行土壤消毒。药剂防治，可用 12%松脂酸铜乳油 600 倍液或 3%中生菌素 800 倍液灌根。采用 K84 菌悬液浸苗或在定植或发病后浇根，也有一定的防治效果。

2. 病毒病

我国能明确鉴定侵染樱桃的病毒有 20 余种，如樱桃病毒 A、李属坏死环斑病毒、李矮缩病毒、李树皮坏死茎纹孔伴随病毒、樱桃小果病毒-1、樱桃小果病毒-2、樱桃锉叶病毒、樱桃绿环斑驳病毒等。这些病毒感染樱桃后，主要引起叶片黄化、皱缩、褪绿、花瓣变绿、果实变小等，对樱桃产业造成了重大影响。如李矮缩病毒和李属坏死环斑病毒等可造成樱桃减产 18%～30%。最近几十年来，樱桃小果病对加拿大不列颠哥伦比亚省的樱桃生产造成了毁灭性的影响。樱桃卷叶病毒对酸樱桃的影响高达 91%～98%。此外，在混合感染时，有些病毒可能会起到协同作用，使病害程度增强。一般认为苹果褪绿叶斑病毒在樱桃中为潜隐病毒，并不造成病害，但在某些樱桃品种中，苹果褪绿叶斑病毒的有些株系对果实品质造成了重大影响。

病害的发生和症状表现比较复杂，受气候条件、病原体分离物、混合感染情况、品种和宿主的年龄等因素的影响而有所差异。病毒能够通过嫁接、昆虫、花粉、种子或线虫传播，另外，有些病毒能够通过未知的传播方式进行传播。

防治方法：

①防控病毒最重要的方法就是在建园时选择无病毒苗木。

②用于樱桃果实生产的重要品种的原种圃确保没有病毒感染。而且，生产樱桃苗木的原种圃应该与生产园保持足够大的距离，避免花粉传播。

③地区间苗木的传播要建立严格的检疫认证程序。

④清除感染病毒的病树或清除整个区域的植株。

⑤保持园区道路及周边围栏无杂草，及时消杀各种病虫害，清除各种枯枝落叶烂果。

3. 类病毒

类病毒能够对多种重要的农作物造成影响。其典型症状包括：叶片失绿和上卷、节间缩短、树皮皲裂、花和果实畸形及变色、果核变大和块茎畸形。大部分类病毒能够通过机械接触进行传播，部分也可通过种子或花粉传播。类病毒是一类长度仅有 $250\sim400$ 个碱基的单链环状 RNA，不编码蛋白质，感染植物后可导致某些特定的病害。类病毒又分为啤酒花矮化类病毒和苹果锈果类病毒，其中，啤酒花矮化类病毒的宿主范围比较广泛，包括多种核果和仁果类植物。1987 年首次在土耳其樱桃中发现啤酒花矮化类病毒的感染。苹果锈果类病毒，最早发现于苹果中，苹果一些品种感染此类病毒后，果面表现出疤痕和裂口，其他品种感染该类病毒后出现锈果症状。

预防类病毒感染的主要措施为使用无病毒材料进行苗木繁殖。同时建议定期对修剪工具进行消毒，以防止类病毒的机械传播。热处理或组织培养可在部分植物组织中脱除类病毒的感染，外植体的体积越小，脱除效果越好。

4. 植原体

植原体是一类寄生在植物和昆虫中的无细胞壁、非螺旋状、革兰氏阳性原核生物，隶属于柔膜菌纲中的一个组。植原体可危害多种重要作物，如水稻、马铃薯、玉米、木薯、豆类、芝麻、大豆、葡萄以及仁果和核果类果树。植原体感染造成的症状包括绿化或花变叶以及因花器官畸形引起的不育，叶片失绿和畸形，腋芽异常萌发增殖导致丛枝的症状。植原体主要在植物的韧皮部存活并繁殖，通过嫁接和无性繁殖在植物间传播。植原体还可通过韧皮部刺吸式昆虫进行传播，主要是叶蝉。

对于植原体的防控，建议及时去除受感染的植株，同时使用没有植原体感染的苗木建园。地区间的苗木运输必须通过检疫认证，从而避免植原体扩散。园区内及时清除田间、道路和围栏周边的杂草，同时结合化学药物控制田间和周围杂草中叶蝉的数量。

5. 虫害

（1）桑白蚧　雌成虫和若虫聚集在主干和侧枝上，以针状口器刺吸汁液危害。二至三年生主干和侧枝危害较重，严重时整个枝干被白色介壳或白色絮状蛹壳包被，呈灰白色。受害枝条皮层干缩松动，枝条发育不良，造成整枝枯死，树势衰弱。

防治方法：果树休眠期用硬毛刷刷掉枝条上的越冬雌虫，剪除受害严重的枝条，烧毁。萌芽前和卵孵化期是关键防治时期。萌芽前：喷石硫合剂，也可以喷 95％机油乳剂 50～70 倍液＋50％氟啶虫胺腈水分散粒剂 6 000 倍液。卵孵化期（鲁西 5 月上旬、7 月上旬、9 月初）：用 24％螺虫乙酯悬浮剂 3 000 倍液、或 50％氟啶虫胺腈水分散粒剂 6 000 倍液均匀喷布枝干和叶片。

（2）红蜘蛛　危害叶片，吸食汁液，受害部位水分缺失，叶背近叶柄处的主脉两侧，出现黄白色或灰白色失绿小斑点，其上易结丝网。发病严重时，叶片出现大面积枯斑，全叶灰褐色，枯萎脱落。1 年发生 6～9 代，以受精雌成螨在树皮缝隙、树干基部土缝中以及落叶、枯草等处越冬；翌春果树萌芽时，开始出蛰上树危害芽和新展叶片，夏至开始蛰伏越冬。

防治方法：发芽前，刮除枝干老翘皮，集中烧毁，以消灭越冬螨源。出蛰前，在树干基部培土拍实，防止越冬雌螨出土上树。噻螨酮、哒螨灵、阿维菌素、三唑锡、螺螨酯、联苯肼酯等是有效药剂。

（3）金龟子　主要以成虫在花期啃食大樱桃树的嫩枝、芽、幼叶、花蕾和花。苹毛金龟子幼虫取食树体的幼根。成虫危害期在1周左右，花蕾至盛花期受害最重。严重时，影响树体正常生长和开花结果。铜绿金龟子在7—8月危害叶片。

防治方法：清除田间杂草，深翻园土，增加翻耕土地次数，捡拾蛴螬（金龟子幼虫）集中销毁；增施磷、钾及微肥，勿施未腐熟的有机肥；追肥时利用碳酸氢铵作底肥，对蛴螬有一定腐蚀和熏杀作用；利用蛴螬不耐水淹的特点，可在每年11月前后冬灌或5月上中旬适时浇灌大水，保持一定时间，水久淹后，蛴螬数量会下降；在果园行间开沟或打洞，用48%毒死蜱乳油1 000倍液或50%辛硫磷乳油800～1 000倍液灌根，毒杀蛴螬。成虫期可以喷施25克/升高效氯氰菊酯乳油、5%啶虫脒乳油等。

（4）梨小食心虫　主要以幼虫从新梢顶端2～3片嫩叶的叶柄基部蛀入危害，并往下蛀食，新梢逐渐萎蔫，蛀孔外有虫粪排出，并常流胶，随后新梢干枯下垂。

防治方法：建园时，尽可能避免桃、梨、苹果、樱桃混栽或近距离栽培。结合修剪，注意剪除受害桃梢。可在末代幼虫越冬前在主干绑草把，诱集越冬幼虫。翌年春季集中处理。4月上中旬，在果园内悬挂性信息素诱杀害虫，降低种群数量。当性诱捕器上出现雄成虫高峰后，进行化学防治。一般每代应施药2次，间隔10天。目前效果较好的药剂有：氯虫苯甲酰胺、溴氰虫酰胺、甲维盐、啶虫脒、高效氟氯氰菊酯。

（5）欧洲樱桃实蝇　欧洲樱桃实蝇属于双翅目实蝇科，欧洲樱桃实蝇的主要寄主为甜樱桃，在酸樱桃和其他李属和忍冬属植物的果实上也有发生。樱桃实蝇1年发生1代，少数2年发生1代。特殊情况下，一些蛹可能在同一季节羽化，但这些蛹不能繁殖。春末，成虫羽化，栖息在寄主树冠下的土壤中。成虫在樱桃开花后10～40天开始羽化，通常与果实的生长和发育阶段同步。根据当地气温、农田地形、坡度、土壤湿度、覆盖度等因素，成虫羽化的时间可延长至30～50天。欧洲樱桃实蝇的成虫呈亮黑色，透明的翅上有 4 个明显的黑色区域。后胸盾片的背部是亮黄-橙色，而眼是金属棕-绿色。雌虫长约 4.1 毫米，雄虫长约 3.5 毫米。初羽化的樱桃实蝇活动能力较差，它们会移动到最近的树冠层，寻找富含糖和蛋白质的食物取食，达到性成熟。成虫需要 5～15 天的时间达到性成熟并且进行交配。雌雄虫均可多次交配，通常在雄虫保护的地点进行交配并产卵。雌虫的繁殖力因食物、交配状况、宿主和天气条件有很大差异，从每天 1～10 粒卵，到单雌一生可产卵 80～300 粒，而成虫的寿命则从 1 个月到 2 个月不等，并跨越樱桃结果季节。

当果皮厚 2～3 毫米、果实色泽由深绿色转变为黄绿色或红绿色时，适于卵和幼虫的发育，这种果实对产卵具有一定的吸引力。成虫于果实中间部位产卵，卵细长、白色，长 0.75 毫米，宽 0.25 毫米，通常在每个受危害的果实中只有 1 头幼虫。产卵后，雌虫会在新危害的果实上储存一种强烈的产卵驱避信息素，以避免再次产卵。产卵后 3～7 天内幼虫孵化，1 龄幼虫即可开始取食果肉。3 龄老熟幼虫长约 15 毫米。在果实内完成 3 龄期后，离开果实，落到地上并在宿主树冠下的土壤中 3～7 厘米深处化蛹，浅黄色的围蛹是其抵御环境压力和捕食者的有效屏障。

欧洲樱桃实蝇是樱桃栽培地区的主要害虫。在早熟品种中，由于果实成熟期是在雌虫达到性成熟和具有产卵能力之前，所以虫害通常可以忽略不计。但中晚熟品种被危害的风险高，未受保护的果实的受害率经常超过 50%，有时达到 100%。

防治方法：对欧洲樱桃实蝇的防治，主要应用针对成虫阶段（产卵雌虫）的触杀性杀虫剂（如拟除虫菊酯），或针对在被危害果实内未成熟阶段（卵和幼虫）的内吸性杀虫剂（如有机磷类、新烟碱类）。园区内要清除植物残体及枯叶、灌木、杂草等。将成熟前的生理落果和成熟采收期间的落地烂果及时捡尽，减少果蝇藏匿场所。果实膨大期开始喷施甲维盐、阿维菌素或乙基多杀菌素杀虫剂，间隔 5～7 天再喷 1 次。使用 60 克/升乙基多杀菌素悬浮剂 1 500 倍液，或 1.8%阿维菌素乳油 3 000～5 000 倍液进行喷雾。

果实采收后，用 1％甲氨基阿维菌素苯甲酸盐乳油 3 000 倍液或 40％氯吡硫磷乳油 1 500 倍液对树体，尤其是树冠内膛喷雾，减少第 2 年园内果蝇的发生及危害。

（6）斑翅果蝇　斑翅果蝇，双翅目果蝇科。原产于东南亚，被列入欧洲和地中海植物保护组织检疫害虫数据库和国际农业与生物科学中心入侵物种纲要。斑翅果蝇是一种多食性物种，寄生于多种不同科和属植物的果实中，尤其是小浆果、甜樱桃、酸樱桃等浆果和核果。斑翅果蝇成虫长 2～3 毫米，眼红色，身体浅黄褐色，腹部后面有黑色条带。雄虫翅末端有特征性的黑斑，与雌虫的透明翅形成鲜明对比。此外，雄成虫前足的第一、第二跗节均具有 3～6 个齿的梳状结构。与其他果蝇不同的是，斑翅果蝇有 1 个大的硬壳化的锯齿状产卵器，可以刺进健康果实中产卵。卵产在果皮下通常是果实被危害的早期症状。3 龄幼虫，长 3～4 毫米，是白色的，并且在受危害的果实上或内部化蛹。发育周期 9～14 天，卵、幼虫和蛹分别为 1～2 天、4～5 天和 4～7 天。斑翅果蝇以生殖休眠状态的成虫（雄虫和雌虫）越冬。

斑翅果蝇的防治依赖于杀虫剂的应用，主要是有机磷、拟除虫菊酯、新烟碱和多杀菌素。斑翅果蝇成虫可以用含有乙酸、乙醇、糖、果汁或不同组合的其他成分的诱捕器进行监测，不能用于猎杀。

（7）红颈天牛　危害大樱桃枝干害虫，以幼虫蛀食树干。前期在皮层下纵横窜食，后蛀入木质部，深达树干中心，虫道呈不规则形，在蛀孔外堆积有木屑状虫粪，易引起流胶，受害树体衰弱，严重时可造成大枝甚至整株死亡。

防治方法：成虫发生前在枝干上涂抹白涂剂，用于防治成虫产卵。在成虫发生期内，中午人工捕捉红颈天牛成虫；利用红颈天牛成虫不易飞动的特性，特别在雨后，振动枝干，即可惊落地面，极易捕杀。药剂防治：用 80％敌敌畏乳油 200 倍液或 20％氰戊菊酯 200 倍液注入虫道，每虫道 10 毫升，或用 40％氧化乐果 500 倍液浸泡棉球，堵塞虫孔，再用黄泥将排粪孔堵严，效果良好。

（六）设施樱桃栽培关键技术

樱桃生产上应用较多的栽培设施有日光温室、塑料大棚和避雨、防霜、防鸟等防灾设施。其中，使用日光温室和塑料大棚的目的是为了让樱桃提早成熟，也称之为促成栽培，以下内容就围绕促成栽培来展开。樱桃促成栽培提早了果实成熟期，补充了早春市场的空缺，而且可以避免各种自然灾害，大大提高了果农的经济效益。

1. 保护地建园

（1）园地选择　选择地势高亢、不易积水、地下水位较低的地块。土壤应以中性至微酸性为宜。活土层深厚，尤其是建甜樱桃园，活土层至少应在 100 厘米以上。土质疏松，通气透水性好，不易积水成涝。

（2）栽植密度和授粉树配置　为追求早期丰产，一般来说保护地栽培甜樱桃的定植密度大大高于露地栽培。采用吉塞拉矮化砧苗，定植后 2 年可形成大量花芽，第 3 年冬季开始扣棚；树体大小仅为乔化砧木的 40%～50%，因此栽植密度可适当加大至 2 米×3 米。

授粉树比例不能太小，应占 40%～50%，主栽和授粉品种以隔行栽植为宜。拉宾斯等自花授粉品种可以作为通用授粉树。

2. 保护地肥水管理

定植时施足有机肥。每年 9 月中下旬施足基肥。扣棚前 20～30 天灌 1 次透水，全园覆地膜，以提高地温，至谢花后去除，防止高温伤根。扣棚萌动后，每株追施 200 克尿素，结合追肥开沟浇小水。盛花期前后，间隔 10 天各喷 1 次 0.3%尿素加 0.3%硼砂，提高坐果率。

自覆盖至采收，土壤含水量应保持在田间持水量的 60%～80%。花期和花后一般不浇水。果实发育期浇水采取沟灌和穴灌的方法，避免土壤含水量变幅过大，时间宜在水温与土温接近的上午，以防大量裂果。

3. 自然休眠的解除与开始升温时间的确定

樱桃的休眠期比较长，休眠比较深，甜樱桃的低温需求量为

0～7.2℃，1 100～1 440 小时。扣棚应在樱桃树体完成自然休眠之后进行，若扣棚过早，则低温休眠不足，将导致发芽、开花延迟。自然休眠完成后，扣棚越早，成熟期越早。目前人工解除甜樱桃自然休眠的有效方法仍然是人工集中预冷法。

确定开始升温的时间首先要考虑樱桃的低温需求量是否得到满足。查阅当地历年气象资料，计算出秋冬季 0～7.2℃ 范围内累计 1 440 小时的日期，即为甜樱桃最早开始升温的时间。为增加保险系数，在此基础上应适当后延数天。

4. 棚室微环境特点与调控

根据自然条件下樱桃不同物候期环境因子的变化情况和保护地条件下环境调控的实际情况，在甜樱桃的设施栽培中，可以遵循以下环境因子调控标准。

（1）气温 覆盖至萌芽前，白天 18～20℃、夜间 3～5℃；萌芽至开花终期，白天 20～22℃、夜间 5～7℃；谢花后至果实着色期，白天 22～25℃、夜间 10～12℃；果实着色至成熟期白天 22～25℃、夜间 10～15℃。

（2）地温 扣棚同时覆盖地膜，使地温同步上升。最好扣棚前 20～30 天预先覆地膜，扣棚升温时土温已经上升到 12～13℃，使根系先于地上部活动；谢花后除地膜，防止高温伤根。

（3）空气相对湿度 空气相对湿度调控的重点时期是花期，花期湿度一般应控制在 50%～60%。覆盖后萌芽前湿度稍高有利于花芽萌发，可控制在不高于 80%。果实发育期湿度应控制在 60% 以下。

（4）土壤含水量 土壤含水量应为田间持水量的 60%～80%，并保持相对稳定。长期干旱后大水漫灌极易造成大量落花落果和裂果。

5. 花果管理

（1）提高坐果率

①辅助授粉。棚室内高温高湿的小气候不利于樱桃花器官发育，不完全花比例增加，单花开放时间缩短，花粉黏滞、生活力下

降。因此，在樱桃保护地栽培中，即使对有一定自花结实能力的品种，也要采取措施加强授粉。辅助授粉的方法包括人工授粉、蜜蜂授粉等。保护地栽培中若进行人工授粉，一般要授 3～5 次，最少也要授 2～3 次。

②花期喷硼。盛花期前后，间隔 10 天喷 1 次 0.3% 尿素加 0.3% 硼砂，能显著提高坐果率。

③抹芽和摘心。萌芽前后枝条软化时，进一步拉枝调整其角度，抹除背上旺芽及过密的芽。新梢长到 10～15 厘米时，留 5～10 厘米摘心，背上强旺梢连续摘心，过多时疏除。抹芽和摘心能节约大量树体贮藏营养，提高坐果率。

（2）疏花疏果 萌芽前疏花芽，一般一个有 7～8 个花芽的花束状短果枝，可疏掉 3 个左右瘦小花芽，保留 4～5 个饱满花芽，保留下来的花芽最多开放 3 个；花芽萌发后再疏蕾或疏花，每个花束状果枝保留 7～8 朵花；生理落果后疏果，疏果程度视全株坐果情况而定，优先疏除小果、畸形果及不见光、着色不良的下垂果，保留向上或斜生的大果。

（3）促进着色与提高品质

①改善光照。每个骨干枝延长头只保留 1 枝适当方向的新梢，疏除部分遮光、过密新梢。树冠下铺反光膜，增加冠内散射光。

②增加昼夜温差。果实着色至成熟期，适当提高白天温度，适当降低夜晚温度，保持 10～12℃ 的昼夜温差，可促进糖分积累，有利于果实着色和可溶性固形物含量的提高。

③降低空气相对湿度。硬核期后采用通风除湿、膜下沟灌穴灌、适当提高棚温的措施降低空气相对湿度，能够提高果实蒸腾速率，促进糖分向果实运输，提高果实含糖量。

④加强水分管理。要始终保持土壤含水量为田间持水量的 60%～80%。尤其在果实膨大至成熟期要小水勤浇，避免忽干忽湿，能有效防止采前裂果。

⑤根外追肥。花后 2 周叶幕形成后开始，每 10～15 天喷施 1 次 0.2% 尿素＋0.2% 磷酸二氢钾，能够补充果实发育所需矿质元

素、特别是与果实品质有关的钾元素，有利于增大果个，提高果实含糖量。

6. 病虫害防治

设施栽培条件下，温度、湿度都有利于病原菌的繁殖，因此，要坚持"预防为主、综合防治"的原则，定植前用 K84 生物农药浸根，防治根癌病。日常要加强土肥水管理，增强树势，提高树体抗病力。结合施用有机肥每亩施 1.5% 辛硫磷颗粒剂或 1% 对硫磷颗粒剂 5 千克，进行土壤消毒，防治蛴螬等地下害虫。5—6 月喷 2 次代森锰锌和多菌灵，7—8 月喷 3 次波尔多液。用速灭杀丁乳油等防治毛虫、刺蛾类幼虫。还需选用抗病砧木，使用无病毒接穗。避免与其他核果类果树混栽，防止互相传播病虫害。

主要参考文献

郗荣庭，2006. 果树栽培学总论 [M]. 3 版. 北京：中国农业出版社.

李晓军，等，2010. 樱桃病虫害防治技术 [M]. 北京：金盾出版社.

刘坤，张开春，2014. 图说设施甜樱桃优质标准化栽培技术 [M]. 北京：化学工业出版社.

刘庆忠，2017. 甜樱桃斑果病研究进展及其防治 [J]. 落叶果树，49（5）：1-4.

刘庆忠，张力恩，李勃，等，2006. 甜樱桃矮化砧木新品种'吉塞拉 6 号'[J]. 园艺学报，33（1）：213-213.

万仁先，毕可华，1992. 现代大樱桃栽培 [M]. 北京：中国农业出版社.

王甲威，等，2020. 甜樱桃矮化丛枝形整形技术 [J]. 落叶果树，52（3）：52-54.

于绍夫，2002. 大樱桃栽培新技术 [M]. 2 版. 济南：山东科学技术出版社.

章镇，王秀峰，2003. 园艺学总论 [M]. 北京：中国农业出版社.